法式刺繡針法 全圖解

金少瑛／著

케이블루의 프랑스 자수 스티치 106

Needle
STITCH

Prologue

想要簡單就簡單一點，想要複雜就複雜一點。
無論做什麼都很美麗，這就是刺繡的魅力。

因為出版過好幾本刺繡主題的教學書，所以經常有很多人詢問我：「如果初學者想要輕鬆上手，在您出的這幾本書當中，您最推薦哪一本書呢？」每次被問的時候我都覺得有點尷尬。因為我覺得這幾本書並沒有很好地考量到初學者的需求，焦點似乎更著重在我自己的想法和刺繡作品的創作上。大部分第一次接觸我作品的讀者，都感覺到要上手並不容易，所以我往往會向他們推薦我認為更適合初學者的其他基礎書籍。

而這一次，為了能夠幫助到想要自學法式刺繡的讀者，我按照刺繡針法的難易度，從初級到進階進行劃分，同時也把我自己最常使用到的各種針法技巧集結在這本書裡面，再加上淺白易懂的解釋說明，希望大家能夠輕鬆理解。此外，我希望透過一系列的刺繡圖案，讓讀者不僅可以充分練習各種針法，並且能夠實際應用這些圖案在生活中，因此圖案的設計安排，也是依照從簡單到複雜的原則、循序漸進地推進。

由於有過寫作數本書的經驗，所以這次我帶著更輕鬆的心情開始了新的創作。不過我還是必須承認，籌備這本針法專門書的過程比之前那幾本更具挑戰性。這本書除了需要想像力和美麗的色彩之外，還要仰賴自由的手感以及流暢的技巧，目的是希望透過書中內容，為所有熱愛法式刺繡的讀者提供有用的資訊和幫助。這對於害怕受限在框架中工作的我來說，是一個不小的負擔。

刺繡針法的名稱原本就相當多元，每個國家、每個人的叫法都略有不同，所以要整理所有的針法並不容易。我竭盡全力，儘可能詳盡地整理出所有跟針法相關的內容，只要認真地慢慢閱讀這本書，並跟著書中的指導進行練習，相信你一定能夠逐步掌握法式刺繡的技巧。

即便從零開始，有朝一日你也可以成為一名刺繡藝術家！

Contents

Stitch
by
K.Blue

從初級到進階的
法式刺繡針法

Work
by
K.Blue

應用不同針法創作的刺繡作品

材料和工具

1. 繡布

可分為亞麻布（linen）、棉布（cotton）、粗棉布（dungaree）、漢麻布（hemp）等。不要選用太薄的布料，建議選擇有一點厚度而且是用平織方式織成的布，比較方便刺繡。另外，可以搭配作品的調性來挑選布料，同時嘗試各種不同的針法。

2. 繡線

DMC 25 號繡線、4 號繡線、25 號漸層繡線、Metallic 金屬繡線、Appletons 羊毛繡線、丹麥花系繡線等。

* 書中刺繡作品的漸層繡線在編號前面會用 B 標示、金屬繡線用 M 標示、羊毛繡線用 W 標示、丹麥花系繡線則用 D 標示。

3. 繡針

刺繡用針的針孔比一般縫紉針的針孔更大。編號越大，針就越細、孔就越小，能穿過的繡線股數即越少。建議依照刺繡作品的大小、線的粗細和線的股數來選擇繡針。

4. 繞線板

用來纏繞並保存繡線的一塊板子。有木製、塑膠製、紙製等各種材質。

5. 裁布剪刀

裁剪布料時使用。

6. 刺繡剪刀

在刺繡完要將繡線收尾時使用，以及製作斯麥那繡要裁剪繡線營造毛絨感時使用。

7. 繡框

雖然不是一定要用繡框才能刺繡，不過在使用像緞面繡這種要將整個繡面填滿的針法時，運用繡框可以讓作品的線條更加美麗、乾淨俐落。尺寸較小的繡框方便拿在手中，讓操作過程更容易。

8. 水消筆

只要沾到水，就可以消除筆跡的一種筆。有的只需要在筆跡上面噴灑一點水，乾了之後顏色就會消失。有的則需要整個浸泡在水中、再吊掛起來晾乾，或是用濕紙巾、拿衛生紙沾水用力按壓，才能消除筆跡。

9. 描圖紙（tracing paper）

需要將書上或其他無法剪下的圖案一比一描繪到紙上時，可以使用描圖紙。描繪時請使用鉛筆或水消筆。

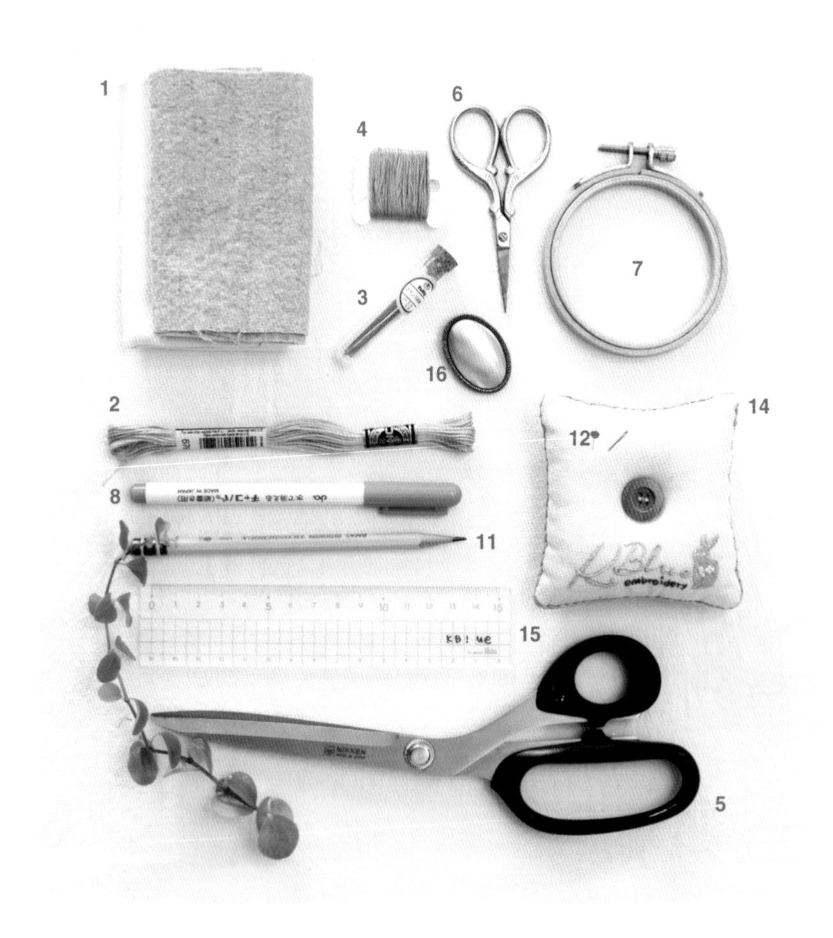

10. 複寫紙（chalk paper）

需要將圖案一比一轉移到布料上時，可以使用複寫紙。建議使用能以清水擦拭掉痕跡的水消複寫紙，假如使用一般碳紙（carbon paper）複寫，需用雙氧水才能去除痕跡。

11. 鉛筆

將圖案描繪到描圖紙上時使用。

12. 珠針

在操作立體針法，像是立體葉形繡、單邊編織捲線繡時，作為輔助使用。

13. 細鐵絲

在呈現立體刺繡的花瓣或是蝴蝶圖樣時，作為輔助使用。

14. 針插

用來存放繡針和珠針。

15. 尺

測量布料的尺寸以及刺繡圖案大小時使用。

16. 加工配件

要將刺繡品加工製成胸針、吊墜、髮夾或鏡子等飾品時，使用的各種輔助材料。

繡針和繡線的種類

繡線的種類

- DMC 25 號繡線：最常見的標準繡線。由六股細線組成，刺繡時依想要的粗細，取出適合的股數。
- 漸層繡線（color variations）：繡線的顏色形成漸層變化，刺繡時可以呈現出很自然的顏色質感。
- 4 號繡線：粗細是 25 號繡線的一點五倍，通常會直接使用一股繡線。
- 丹麥花系繡線：百分之百純棉製成，帶有溫暖及霧面的質感。一股線的粗細大約等同於兩股的 DMC 繡線。一整股的丹麥花系繡線是用十股線製成，先繞成兩大股的線再互相纏繞成一大股的線。
- 羊毛繡線：一股羊毛繡線是由兩股線纏繞在一起製作而成的，蓬鬆、毛茸茸的質感非常適合用來呈現立體花朵。
- 金屬繡線：帶有金屬質感，一次會使用一股繡線。

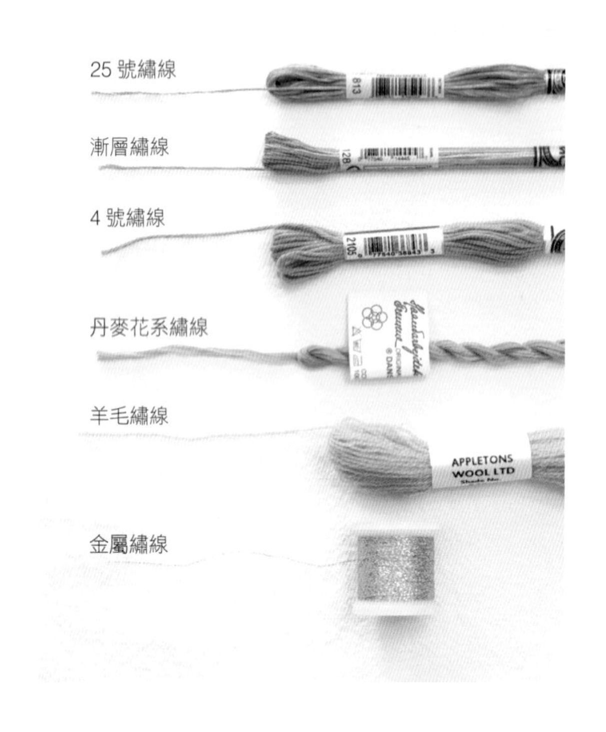

繡針的種類和大小

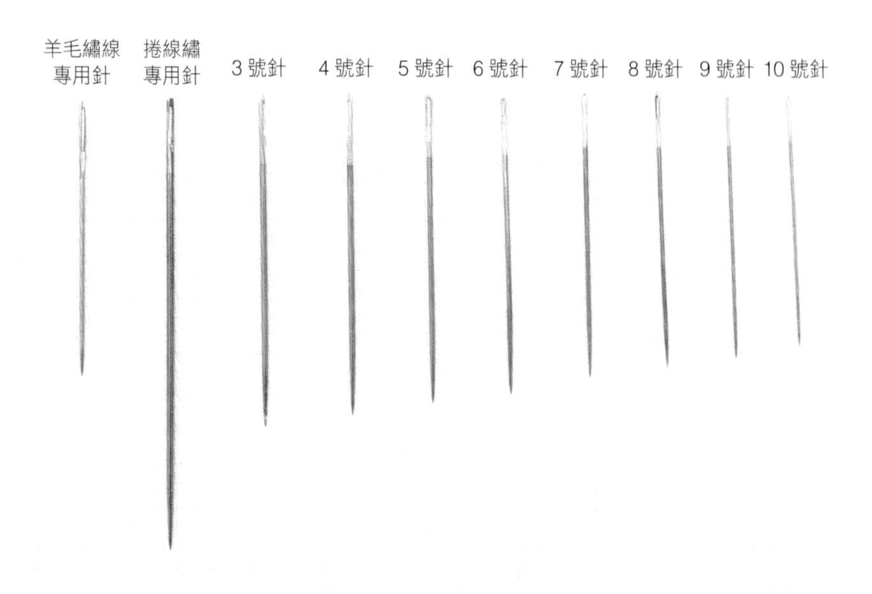

	粗細 (mm)	長度 (mm)	股數 (以 25 號繡線為準)
3 號針	0.97	44.5	5~6 股
4 號針	0.91	42.9	4~6 股
5 號針	0.84	41.3	4~5 股
6 號針	0.76	39.7	3~4 股
7 號針	0.69	38.1	2~3 股
8 號針	0.61	36.5	2~3 股
9 號針	0.53	34.9	1~2 股
10 號針	0.46	33.3	1 股

- 捲線繡專用針：1.14×60mm
  針孔部分比針桿本身細，在操作捲線繡針法之後，可以讓繡針比較容易穿過線，更方便刺繡。
- 羊毛繡線專用針:針孔比一般刺繡針更大。

刺繡的基礎

1. 預洗布料

以亞麻材質的布料來說，由於在洗滌之後會出現略微縮水的情形，因此建議在開始刺繡之前先將布料洗過一次。

2. 熨燙布料

在將圖案描繪到布料上之前，必須先將布料熨燙平整，才能夠確保圖形的精準度。

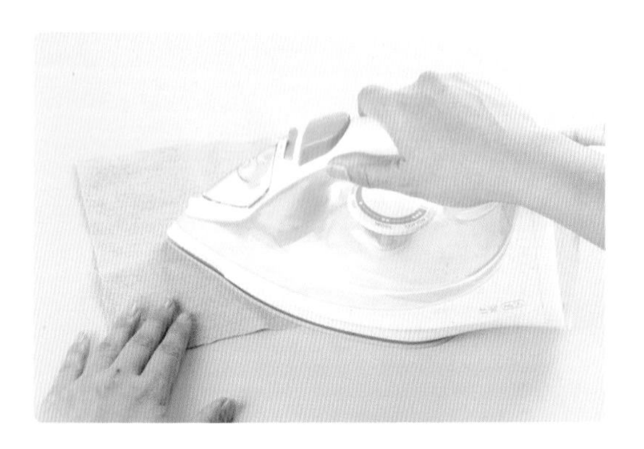

3. 描繪圖案

將描圖紙放在圖案上，用水消筆照著圖案描繪（之後這張描圖紙作為圖案紙使用）。或是直接用水消筆把圖案描繪在繡布上。

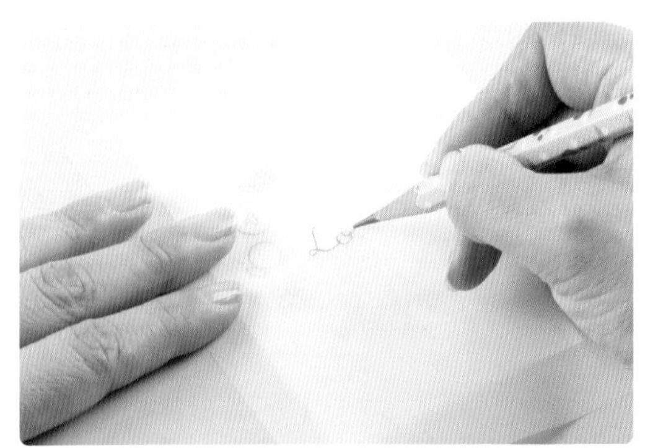

4. 將複寫紙放在繡布上轉印圖案

從下到上依序放置「布料→複寫紙→圖案紙」，把筆稍微用一點力往下壓，描繪出大概的圖案後，一邊觀察原圖的細節，一邊用水消筆或粉筆畫在布料上。

5. 準備繡線

使用的繡線包含 25 號繡線、漸層繡線、羊毛繡線、金屬繡線等。依照想要呈現的質感效果做選擇。

6. 裁剪繡線

用尺測量出適當長度（40 ～ 50cm）後裁剪，然後取出需要的股數即可使用。如果繡線長度太長，線很容易纏繞在一起，無法繡出漂亮的圖案。

7. 準備繡針

一般會依照繡布的結構和線的股數、粗細等條件，使用相對適合的繡針。尤其建議根據繡線的股數來選擇繡針。舉例來說，如果是比較細的繡針卻使用 3 股線來刺繡，繡線就會很難穿過布料；或者選用的繡針太粗，刺繡的時候可能造成布料破洞。

8. 穿線

用剪刀將繡線裁剪整齊之後，再穿過繡針的針孔。如果很難將繡線穿進針孔，可以使用穿線器輔助。

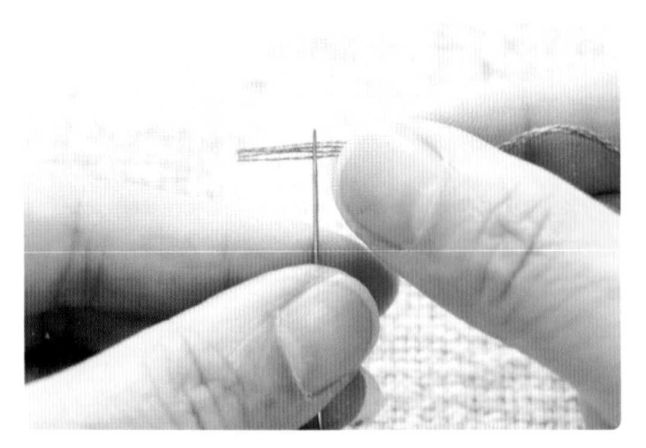

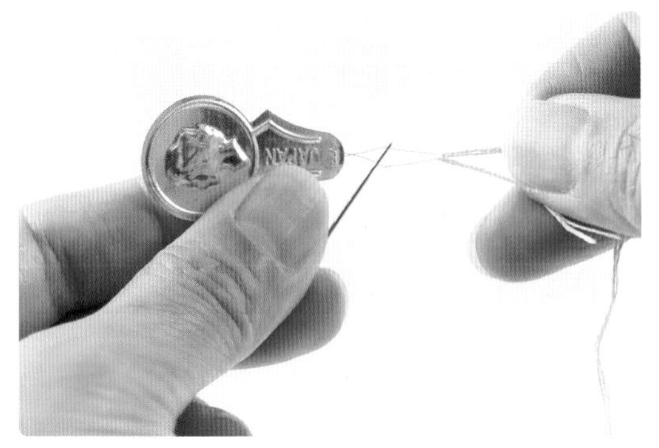

9. 打結

將繡針放在繡線上、用線繞針兩圈左右，壓住繞圈的線並拉出一個結。

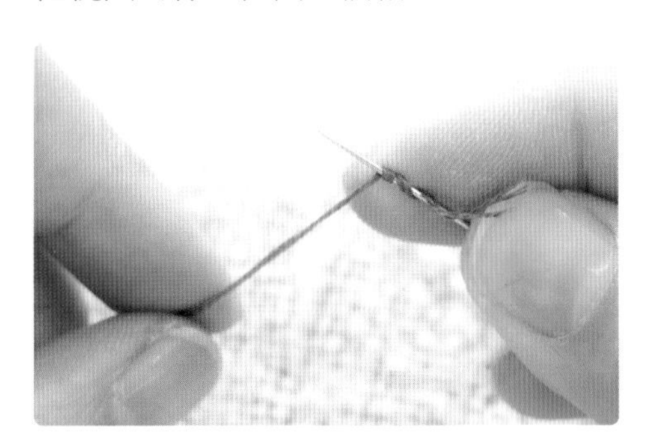

10. 抽線

方法 1

根據需要的股數，將線一股一股慢慢抽出來，然後排列整齊。

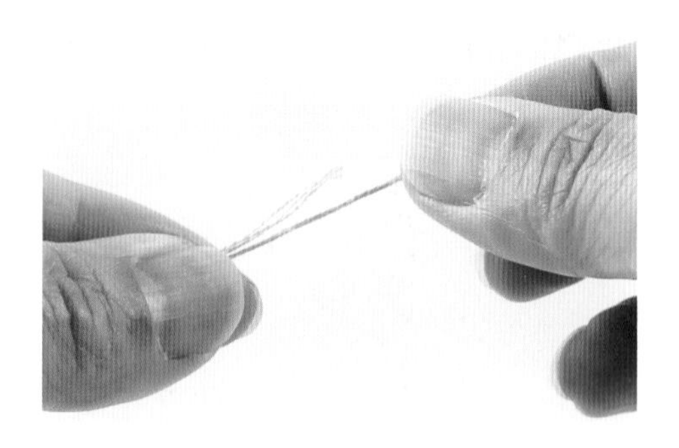

方法 2

法式刺繡通常一次會使用 2 ～ 3 股的繡線。可用右手一次抓住 3 股的繡線，然後用左手食指從繡線之間慢慢地分開。如果太急著抽線，可能反而會讓線纏在一起。

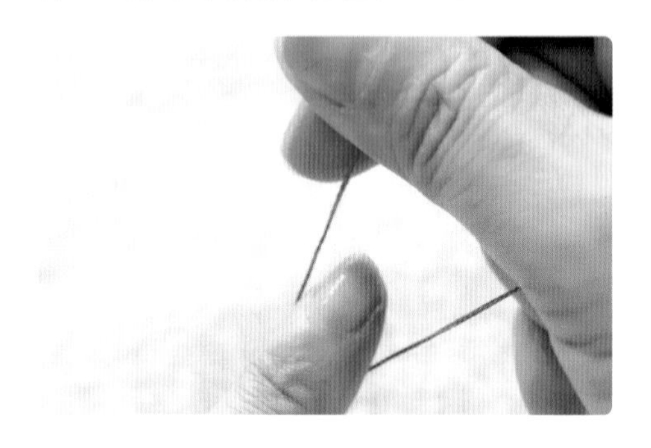

11. 用繡框綳緊繡布

① 將頂端的螺絲旋鈕轉鬆之後，分開繡框。

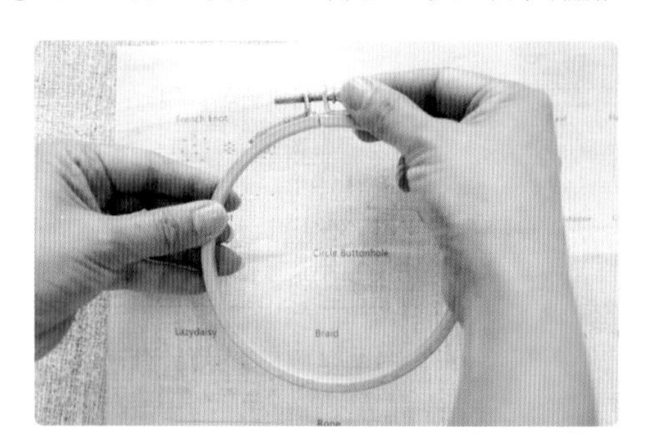

② 將內層的繡框放在桌上，然後蓋上繡布。

③ 從正上方放下外層的繡框，同時將內層的繡框塞入，拉動布料整理平整後，再轉緊螺絲。

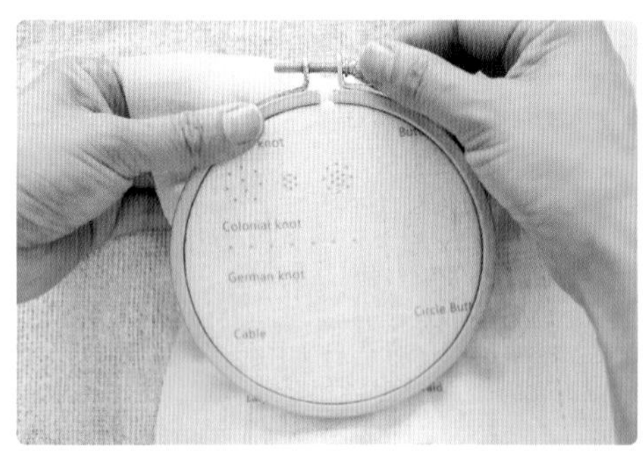

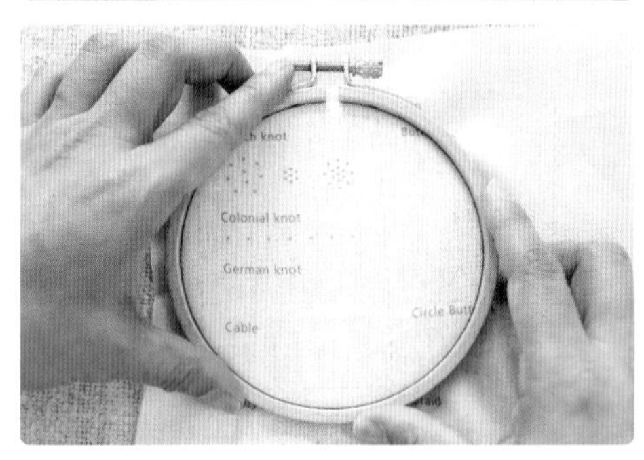

12. 開始刺繡

使用不同針法在布上繡出想要的圖樣。

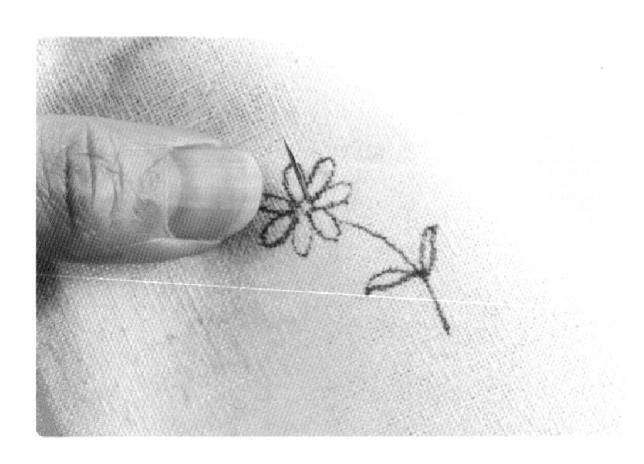

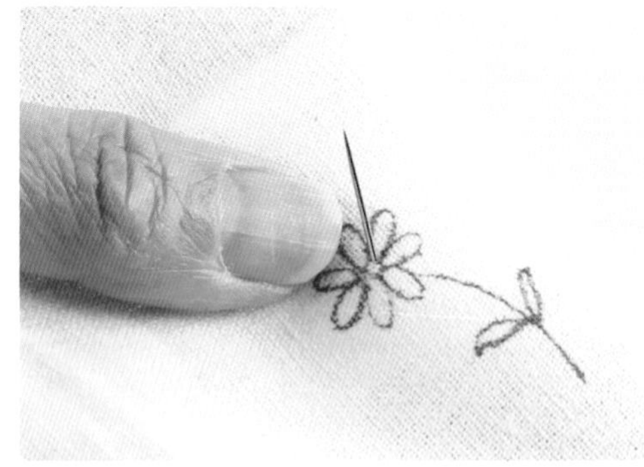

13. 收尾

方法 1

讓繡線尾端隨意穿過繡圖上的線，並重複幾次來固定，或是用纏繞的方式固定，再剪掉多餘的線。

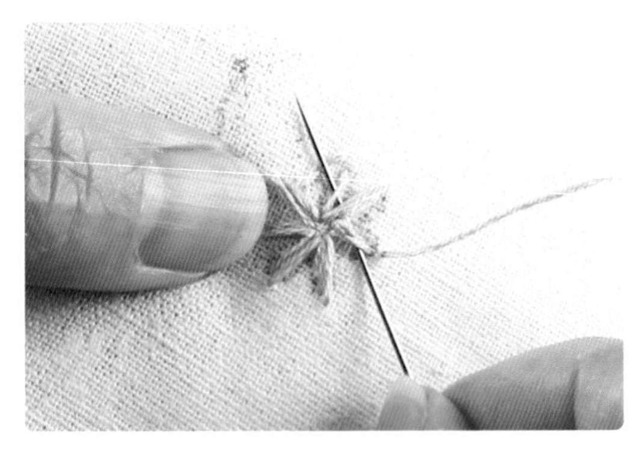

方法 2

如果是繡在需要經常清洗的布料上，建議以打結方式收尾。貼著布料打一個結後再剪掉多餘的線，才不會散開。

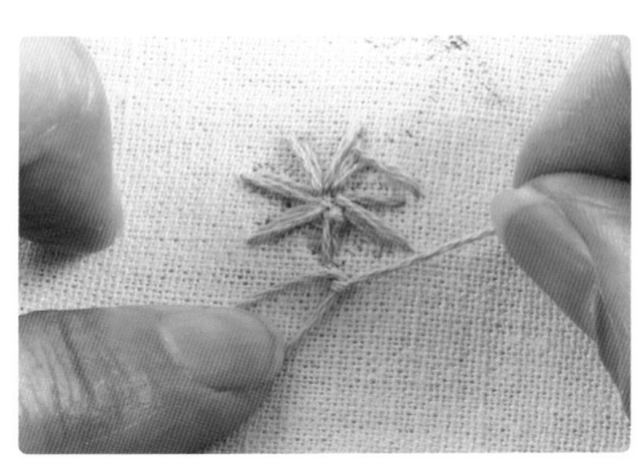

為幫助理解針線移動的位置，部分步驟圖示中會以數字「1、2、3…」做輔助說明。在多數情況下，其代表「從位置 1 出針、2 入針、3 出針…」，並依此類推；但另一情況是指針線本身並不穿過布面，而是按照數字標示的位置繞線。

Stitch
by
K.Blue
從初級到進階的
法式刺繡針法

平針繡
Running Stitch

沿著平行方向，從右到左間隔一定的距離，規律性地重複一個線段。

❶

❷

❸

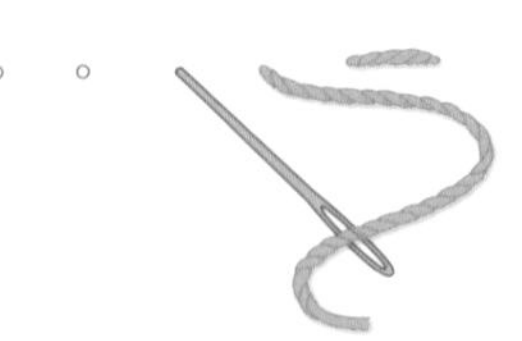

❹

❺

穿線平針繡
Threaded Running Stitch

先完成一排平針繡之後，把針輪流從下往上、再從上往下穿過繡好的線段。要讓繡線穿過平針繡時，把針從有針孔的那一頭先穿過去，可避免繡線纏在一起。

❶

❷

❸

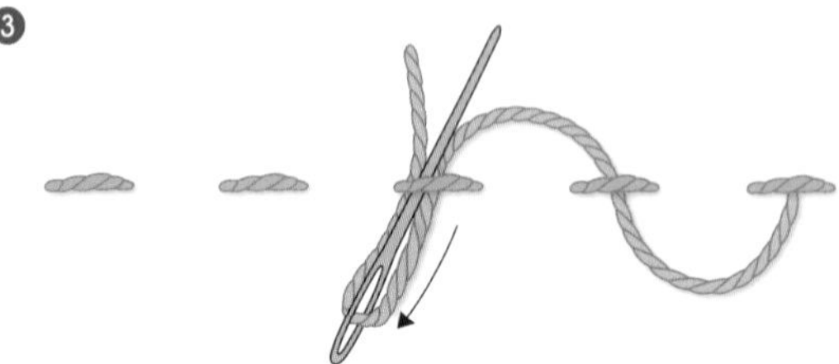

❹

穿線平針繡的應用

交織虛線繡

Interlaced Running Stitch

先完成平針繡，並且做出穿線平針繡的波浪線條之後，
用另一條繡線以相反方向再做一次穿線平針繡。

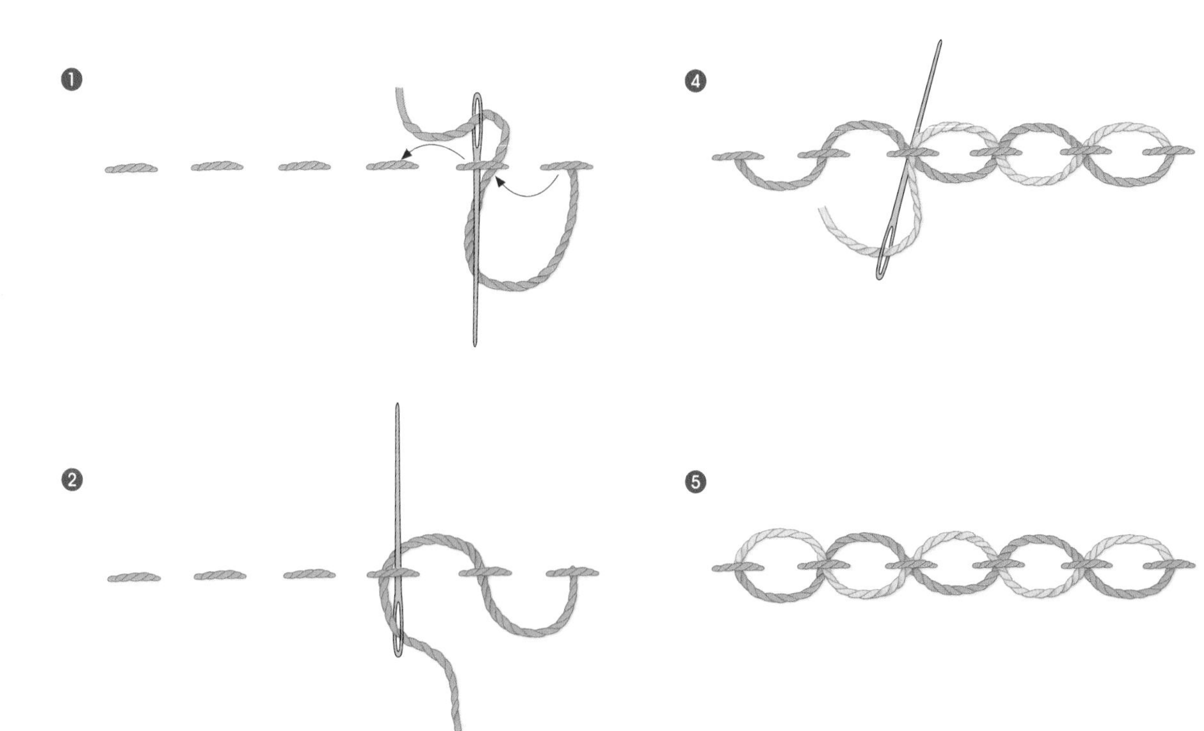

若是用相同顏色的繡線繡波浪線條，繡線先從右邊穿到左邊，之後再直接折返從左邊穿到右邊即可。

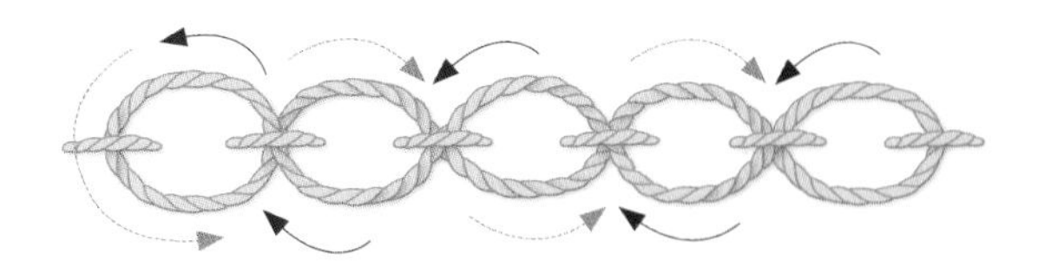

繞線平針繡
Whipped Running Stitch

先完成一排平針繡之後，用不同顏色的繡線從右邊第一個線段中間，由後往前穿出，再從上往下穿過第二個線段，每一段都這樣重複操作。這個針法會往同一個方向纏繞。

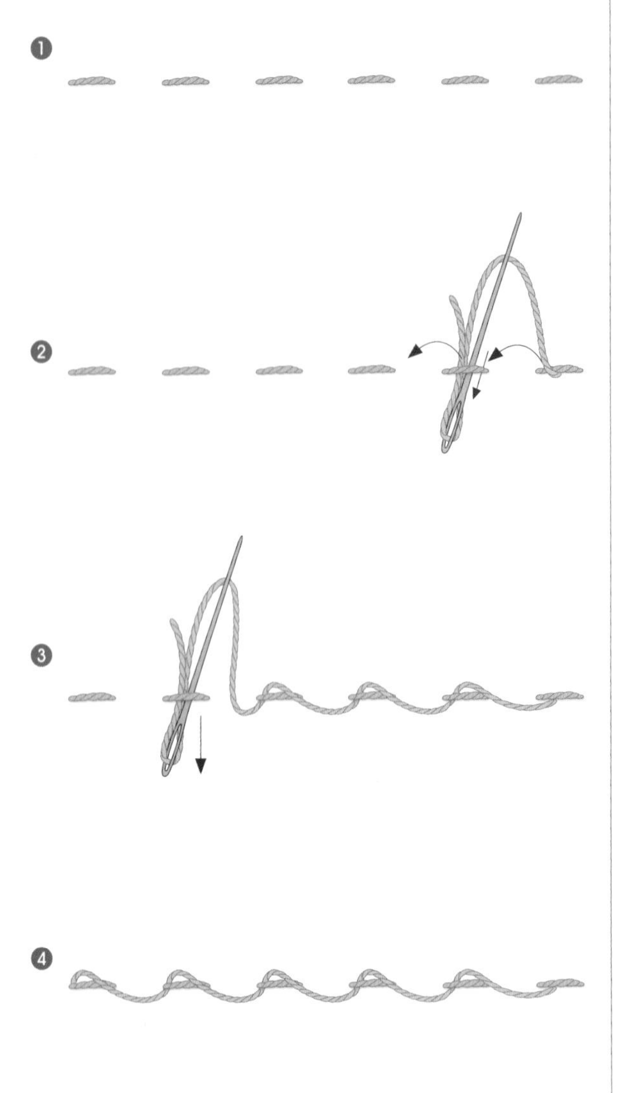

雙階穿線平針繡
Stepped Threaded Running Stitch

先以交錯位置繡好上下兩排平針繡後（圖❶），從 1 的位置開始，將繡線穿過 2 的線段，再一口氣從上往下穿過 3 和 4 的線段，然後從下往上穿過 5 和 6 的線段。只要繼續重複操作這個過程，就會形成規律的圖樣。

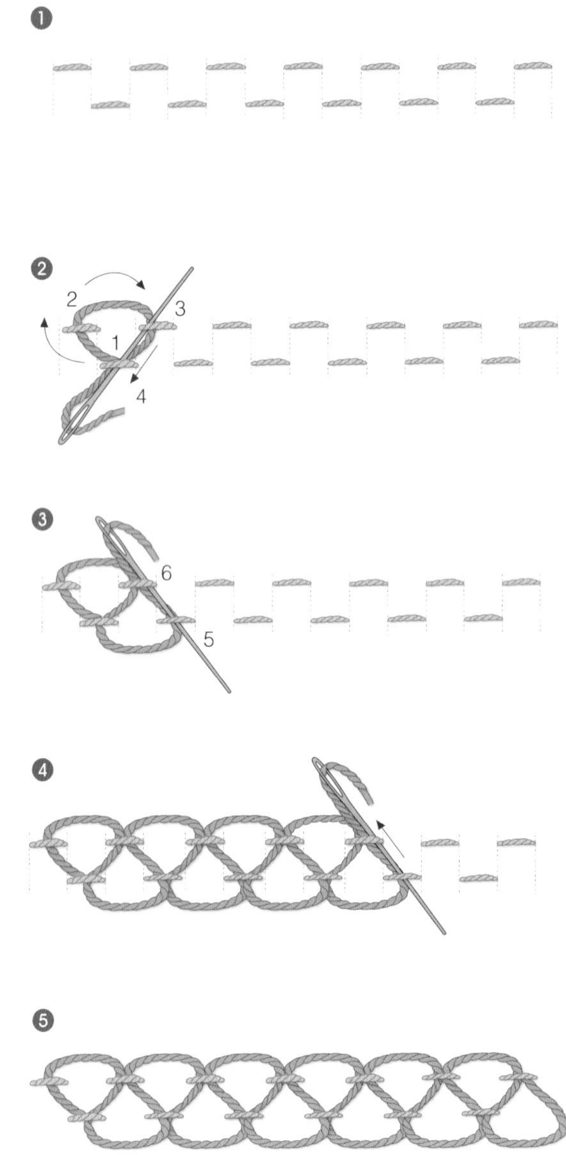

織補繡
Darning Stitch

這個針法是透過繡出數排的平針繡，藉此填滿整個繡面。有各種不同的呈現方式，除了繡出一致的線段，也可以繡得長短不一、呈不規則排列。

❶

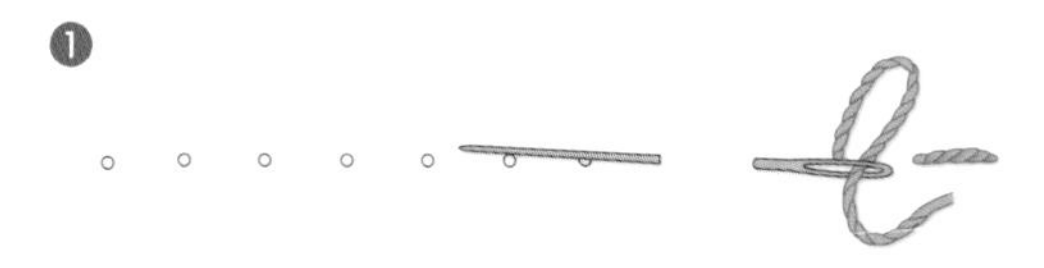

❷

❸

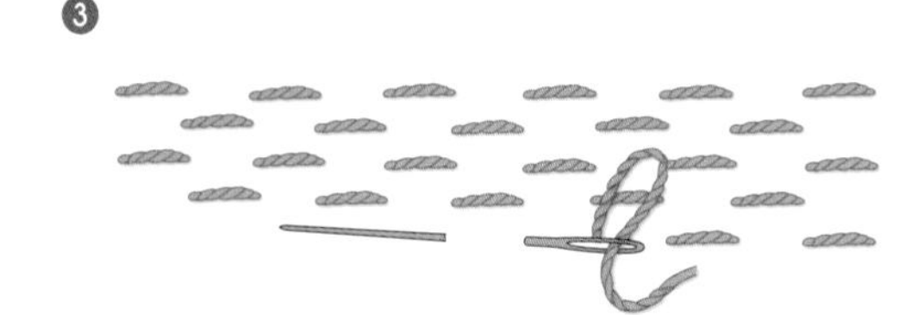

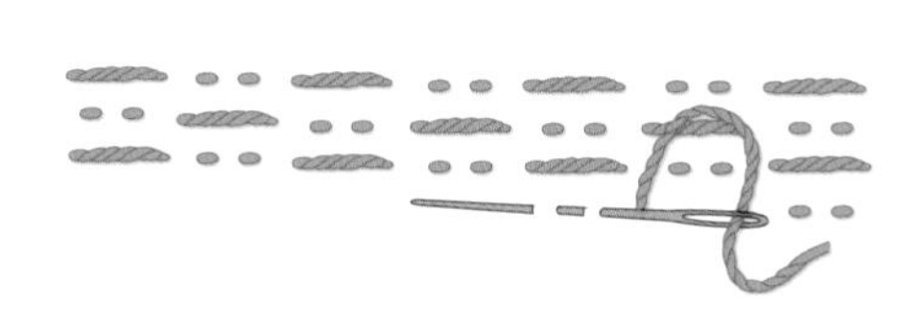

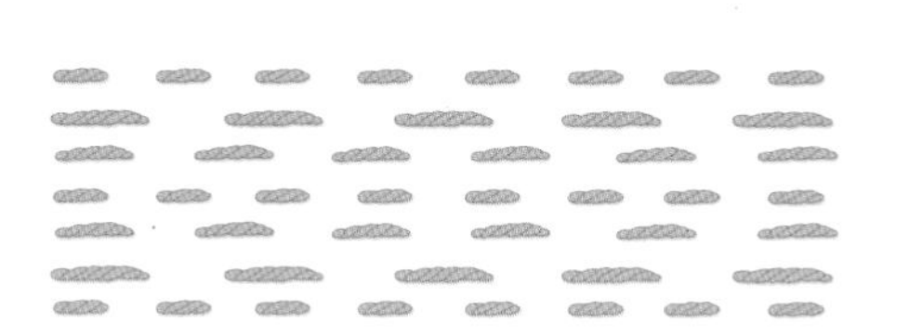

霍爾拜因繡
Holbein Stitch

先完成一排平針繡之後，用不同顏色的繡線再繡一次平針繡，第二次必須填滿在第一次繡好的線段之間的間隙。

❶

❷

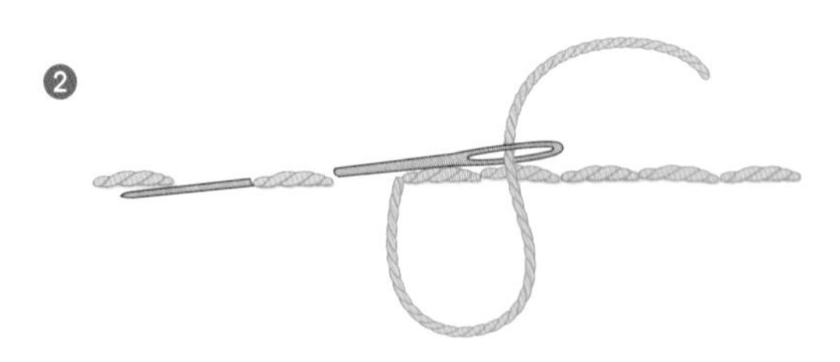

❸

❶

❷

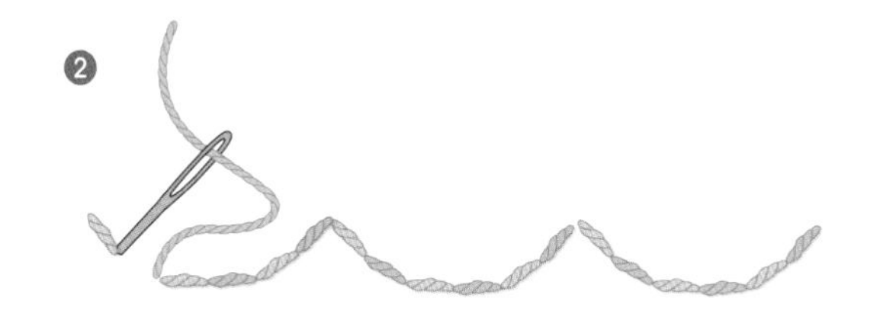

回針繡
Back Stitch

把針從布料穿出後，往右邊入針，形成第一個線段，再從此線段的左邊出針，然後倒回去繡出第二個線段，讓線段更牢固，重複相同步驟即可。此針法與縫紉的回針縫相同。

❶

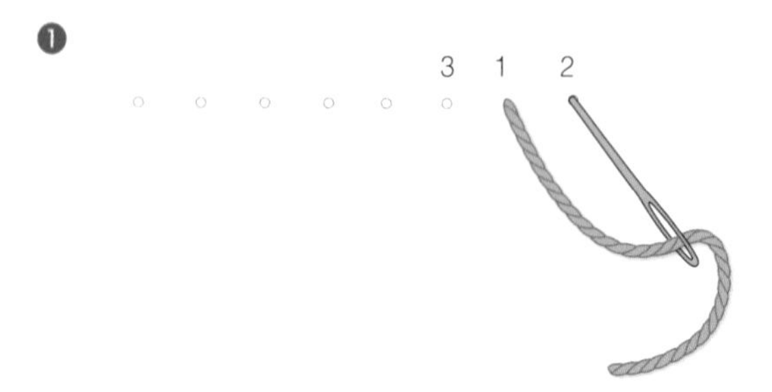

❷

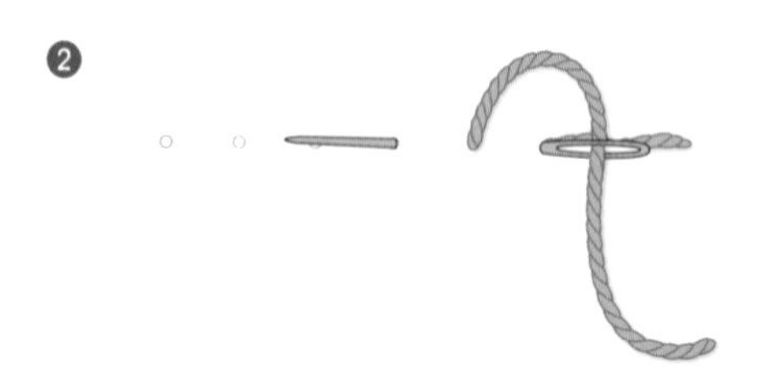

❸

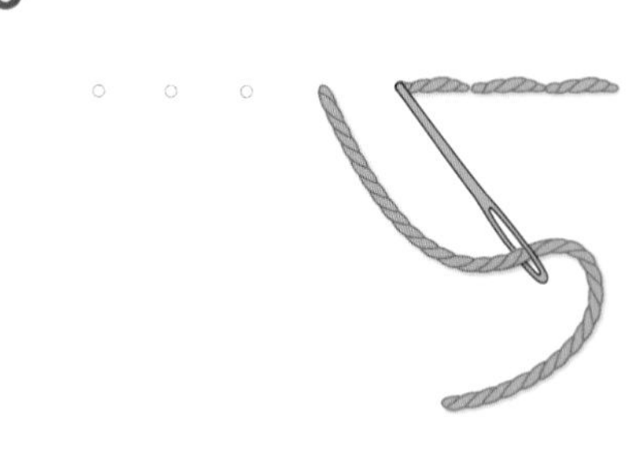

❹

穿線回針繡
Threaded Back Stitch

先完成一排回針繡之後，將繡線規律地輪流從下往上、再從上往下穿過回針繡的線段之間。

❶

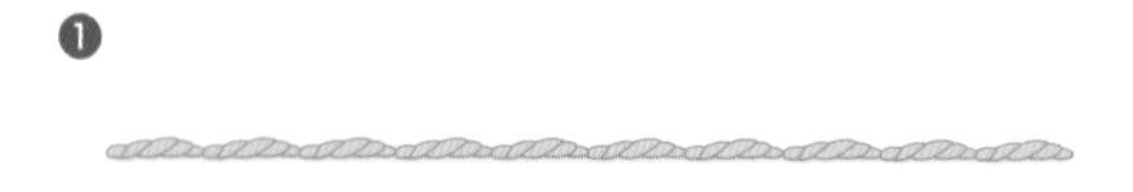

❷

❸

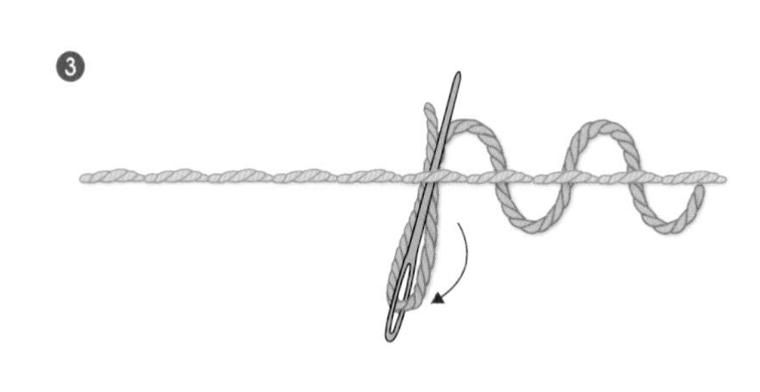

❹

繞線回針繡

Whipped Back Stitch

先完成一排回針繡之後，用另一個顏色的繡線，從右邊的第一段回針繡中間穿出來，
然後反覆地把繡線從上往下穿過每一段回針繡。這個針法會往同一個方向纏繞。

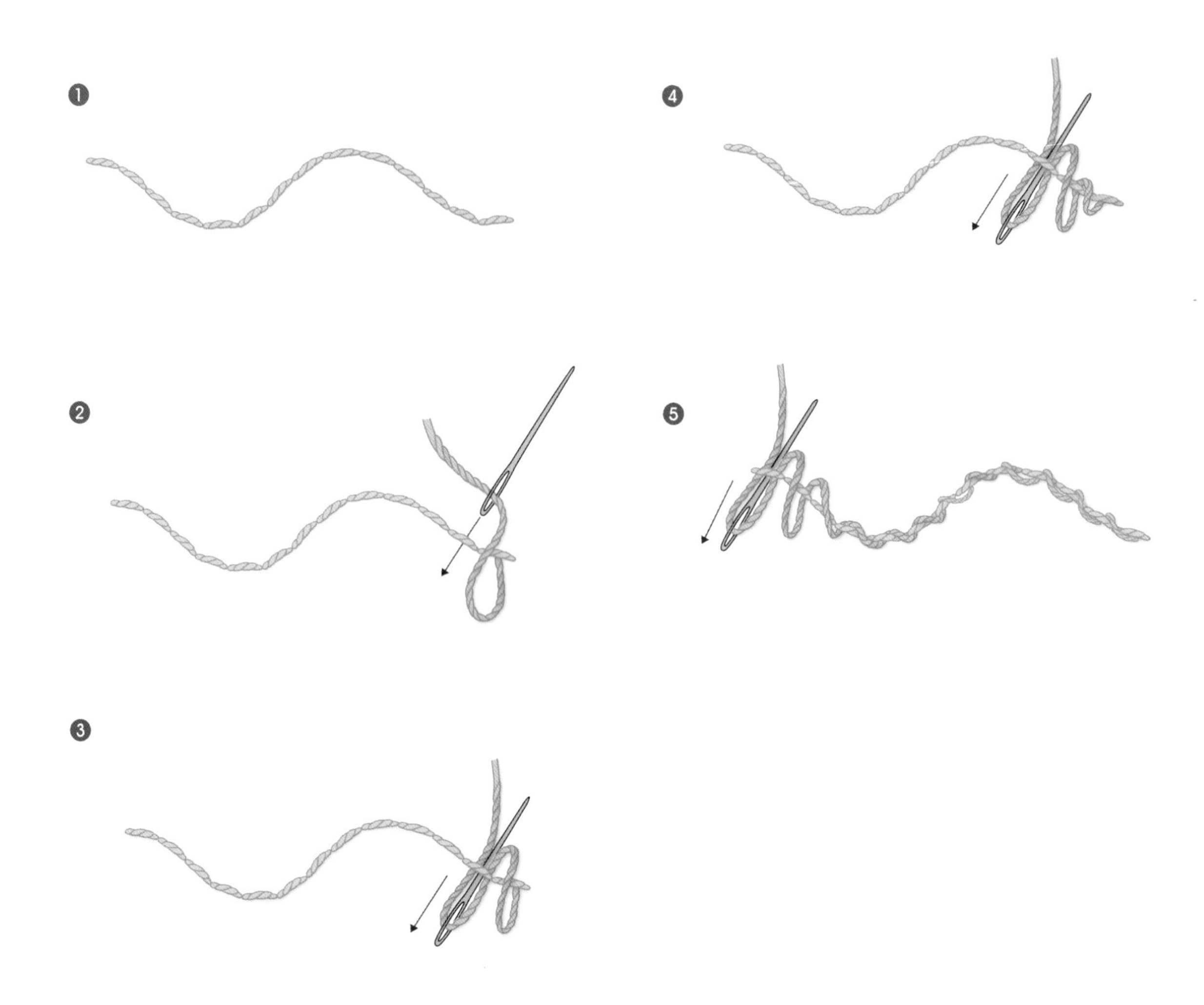

獅子狗繡
Pekinese Stitch

先完成一排回針繡之後，用另一個顏色的繡線，從左邊的第一段回針繡中間穿出來，
再從下往上穿過下一個回針繡線段，然後回到前一個線段，由上往下穿過去。
從左到右不斷反覆這個過程。這個針法的造型就像是繞了一圈又一圈的彈簧。

❶

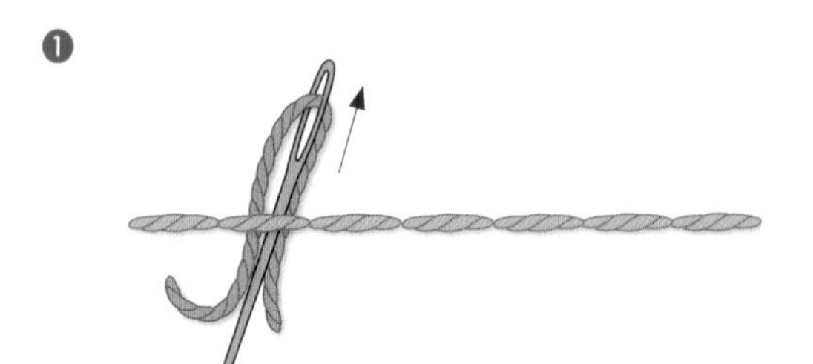

❷

❸

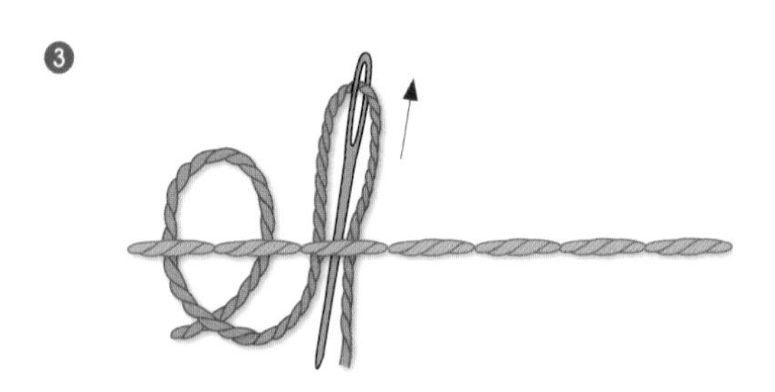

❹

❺

獅子狗繡的應用

繡出兩排回針繡後，再按照獅子狗繡的方法繞線。

❶

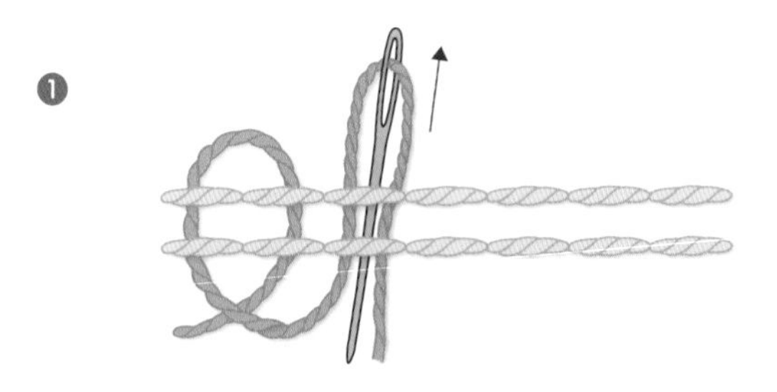

❷

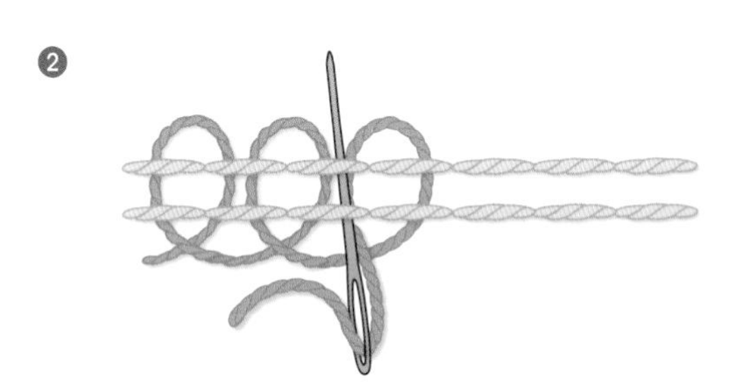

❸

雙獅子狗繡

Double Pekinese Stitch

先完成兩排回針繡（圖❶）後，從下排左邊第一個線段中間 1 開始，往上排對角線方向穿過 2，再回到上排前一個線段、穿過 3，然後往下排對角線方向穿過 4，再從下排 5 穿到上排 6，不斷反覆即可。此針法一般用在圖案以線條為主的作品上。

❶

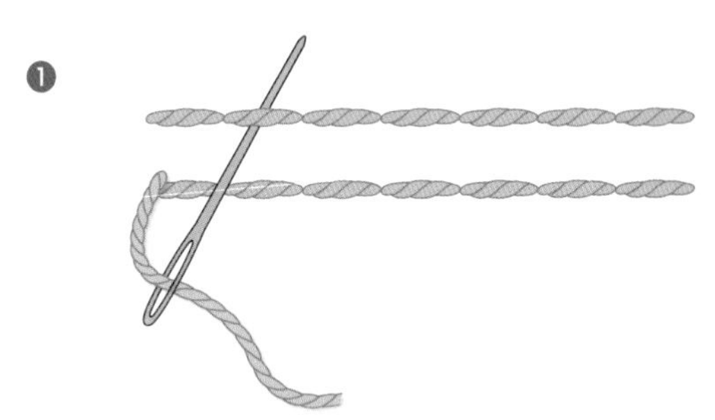

❷

❸

❹

輪廓繡
Outline Stitch

造型像麻花繩，常用來表現文字、圖案輪廓、植物莖幹。它是以重複「往前一個針距入針、往後半個針距出針」的方式進行。在持續往前繡時，把針穿過前一個線段的針眼，線條會更俐落。要繡平滑曲線時，則將每個線段之間的距離拉近。

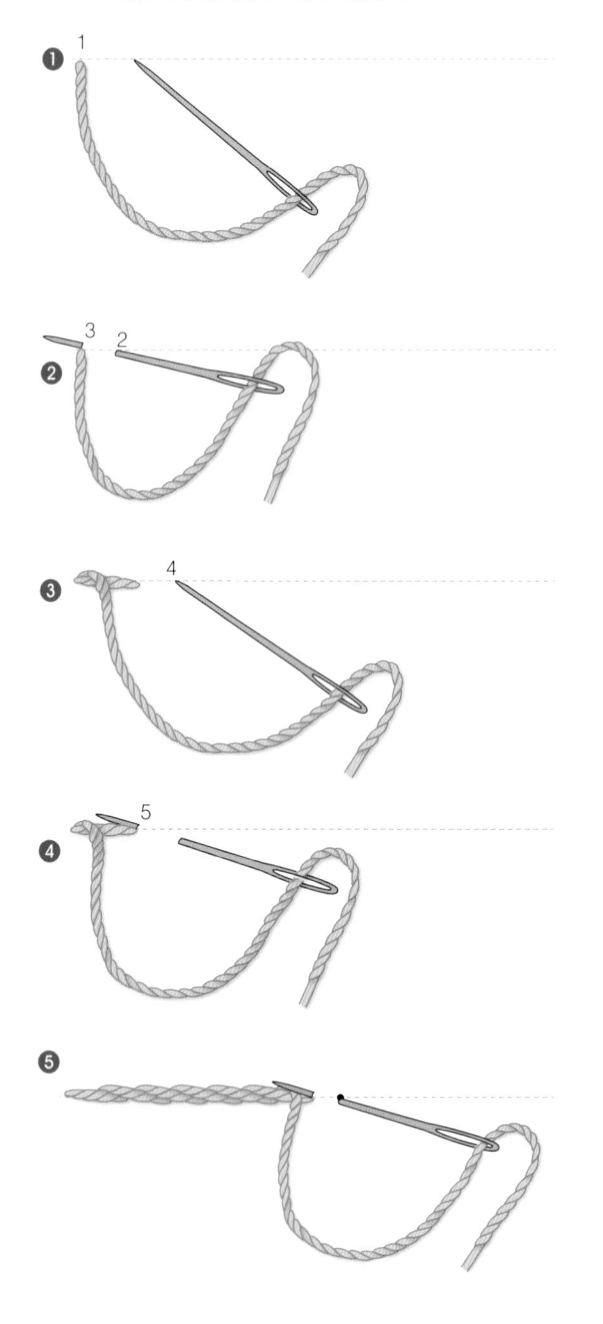

輪廓填充繡
Outline Filling Stitch

將輪廓繡連接起來，用來鋪滿大面積的繡面。可以沿著圖案輪廓繡出一圈輪廓繡後再一層一層填滿，或以螺旋狀方式一邊旋轉一邊填滿。在繡圓時，最後收尾的那一針務必回到最一開始的刺繡線段的針眼（如圖 ❸），看起來才會自然。

❶

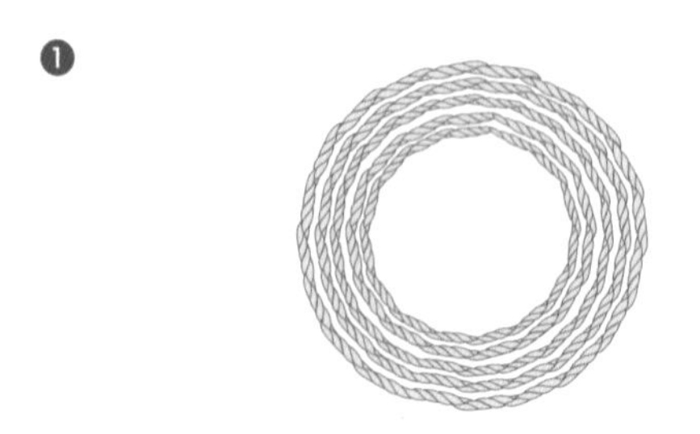

❷

❸

釘線繡

Couching Stitch

把一條粗的繡線放在圖案輪廓上，再用另一條繡線以同樣的間隔縫住固定。
除了能夠表現直線，也可以靈活運用在自由彎曲的線段，
像是文字、人物的頭髮，或是繡出一整個平面等等。

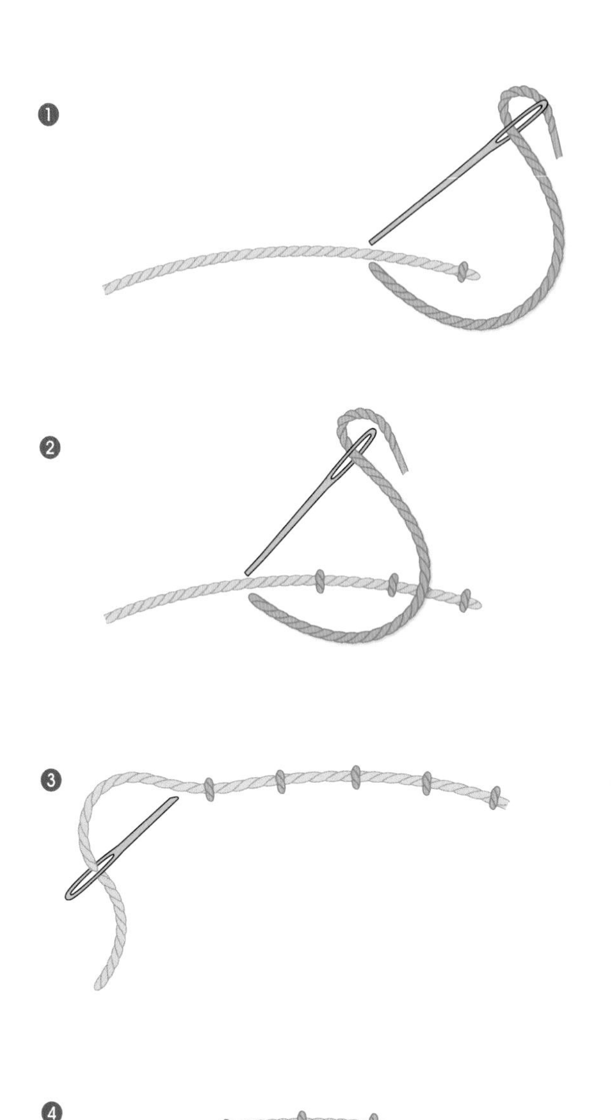

繡文字時，把粗的繡線從文字結束的地方（標示紅點的位置）往繡布背面穿過去，並把整條線拉出來，然後再從下一個字母開始的位置穿到前面，繼續刺繡。

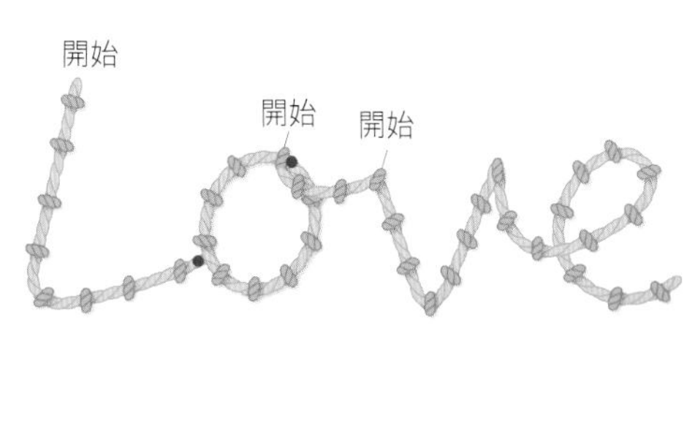

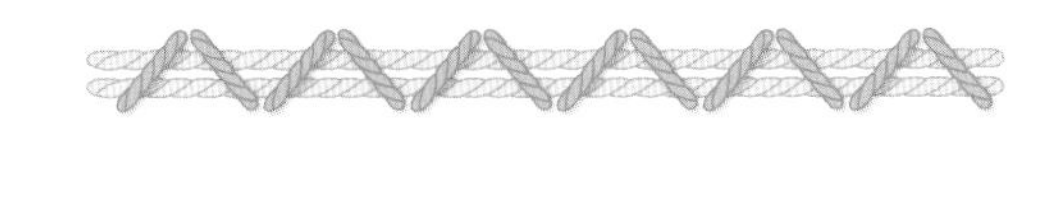

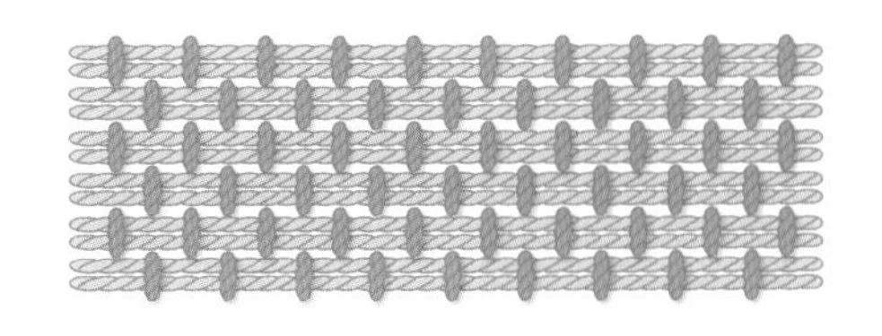

羊齒繡
Fern Stitch

刺繡方向是「由上往下」進行，像是畫圖一樣按照順序反覆繡出。經常用來呈現葉子的型態，或是繡在邊框上作為花邊裝飾。

❶

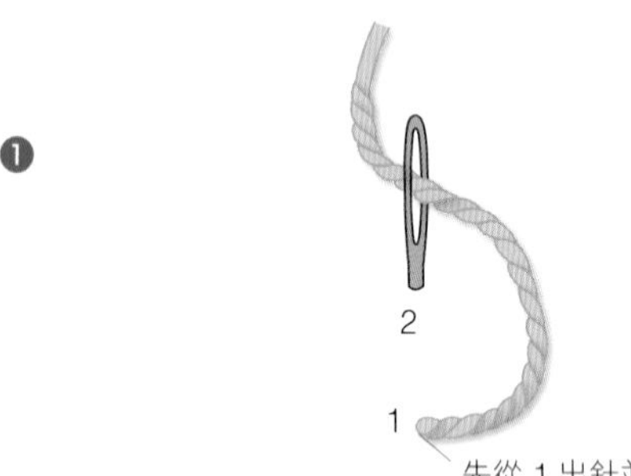

❷

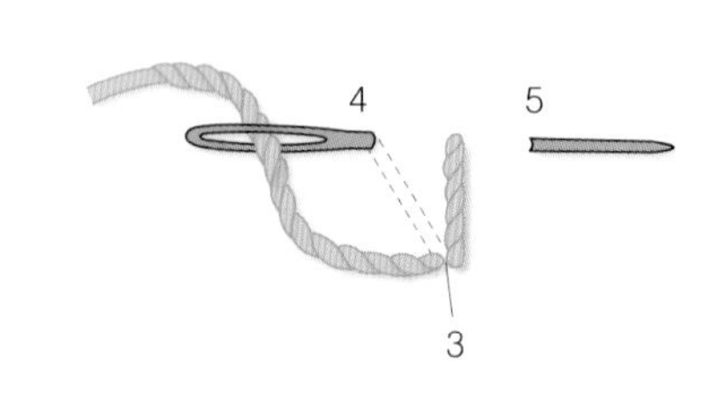

❸

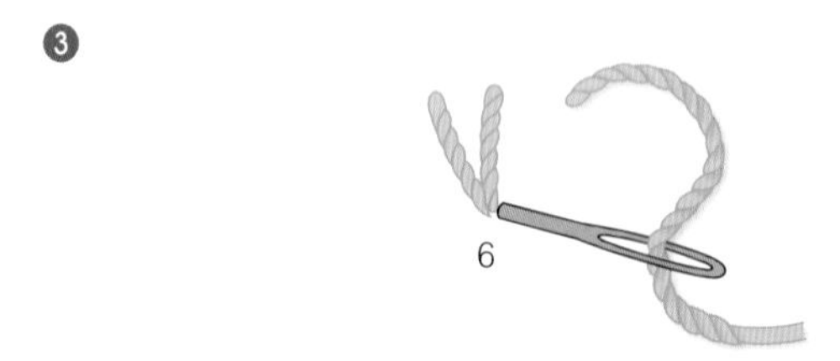

❹

飛鳥繡
Fly Stitch

經常用來呈現葉片、植物的莖、樹木枝幹，也可以靈活運用在各種地方。先將繡線拉出一個「V」字形後，再往下繼續重複相同的步驟就能完成。

❶

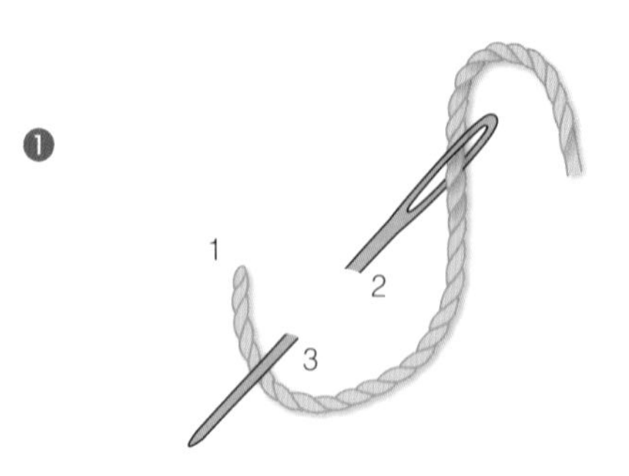

❷

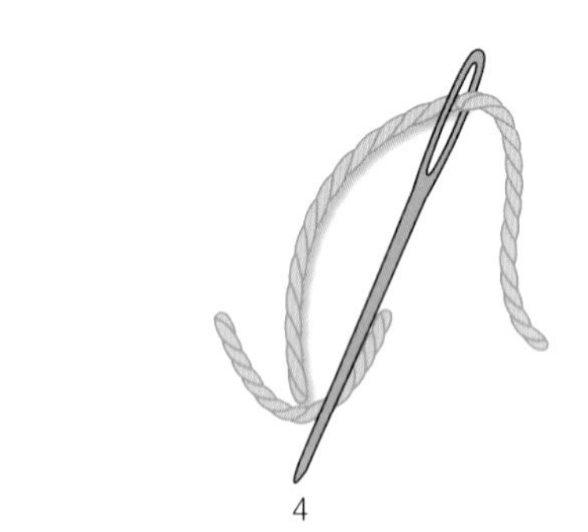

❸

❹

❶

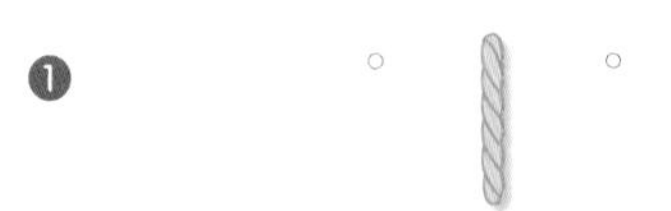

❷

❸

❹

飛鳥繡的應用

飛鳥繡也可以換個方向往側邊延伸，或是拉出圓形的線條，做出像蕾絲一樣的紋樣。

直針繡
Straight Stitch

顧名思義，此針法是繡出直線，可以用來呈現各種不同的型態和圖案。

❶

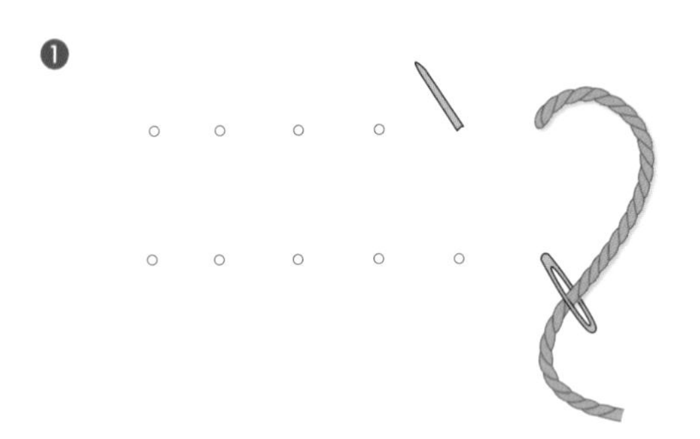

❷

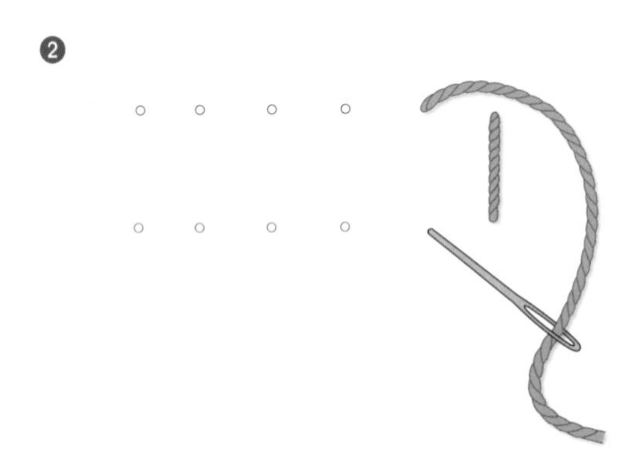

❸

水磨坊花形繡
Mill Flower Stitch

運用直針繡呈現花朵圖案的作法。可以按同樣間隔距離、往同一個方向依序繡出線段，也可以先把要繡的範圍分成幾個等分、再填滿中間，有規律地繡出美麗圖案。

❶

❷

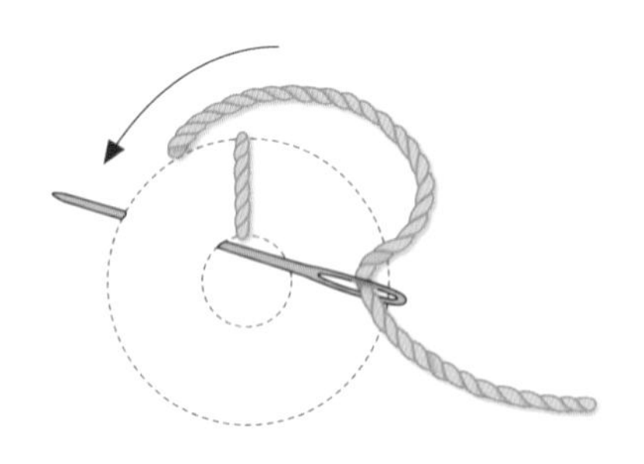

❸

十字繡

Cross Stitch

繡出 X 字形紋樣的針法，可單獨呈現，或重複好幾個十字繡作為圖樣，運用範圍很廣。
要繡一整排時，可以一個接一個繡 X 字形，也可以朝同方向統一繡斜線，再往回繡相反的斜線。

方法 1

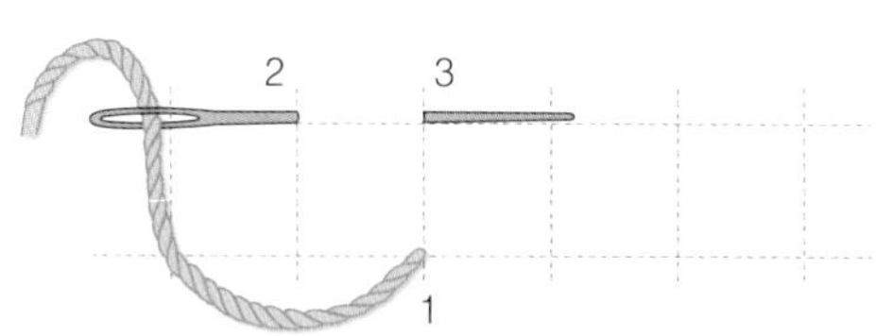

❷

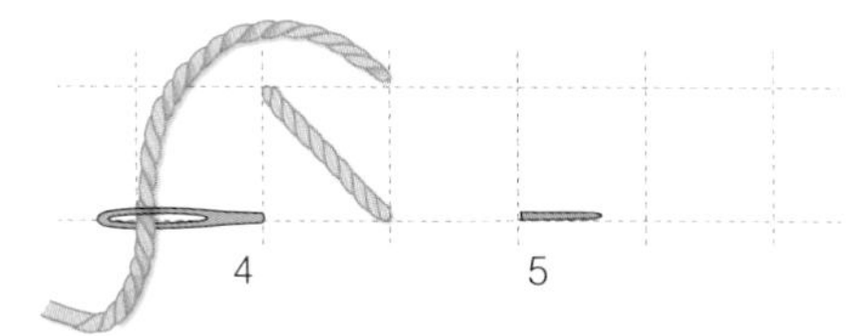

❸

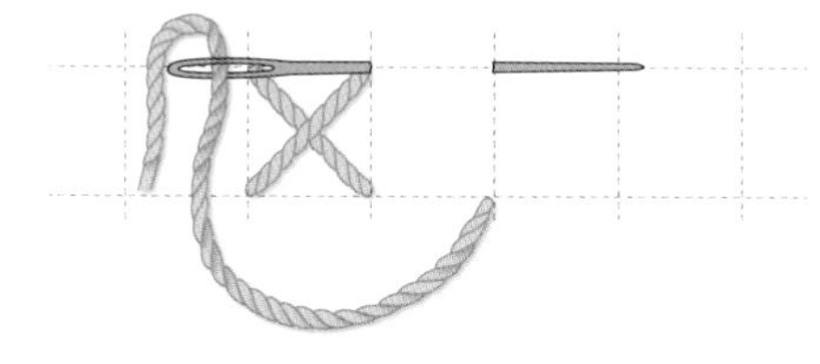

❹

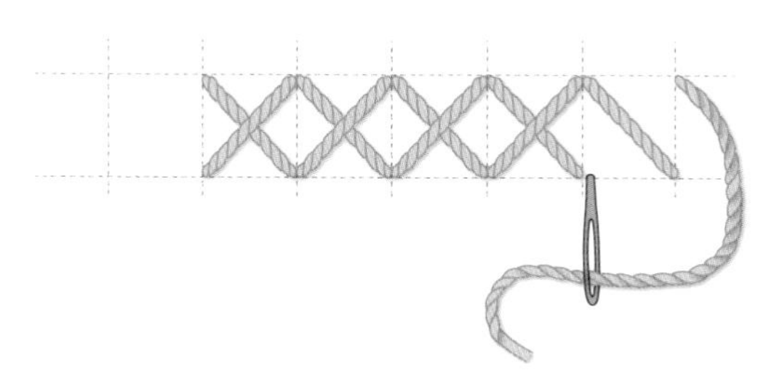

方法 2

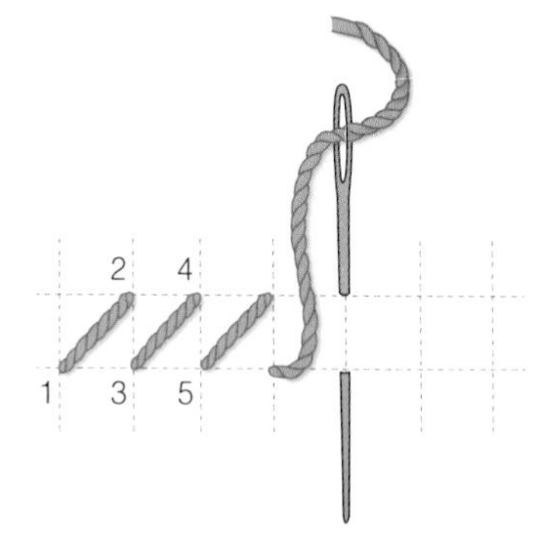

❷

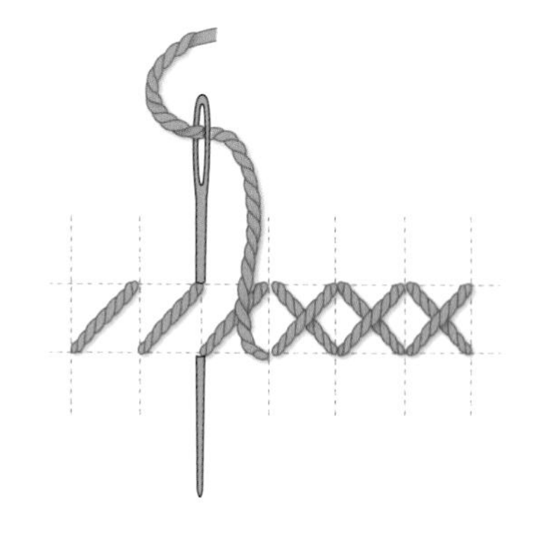

雙層十字繡
Double Cross Stitch

先完成 X 字形的十字繡之後，再疊上一層十字形的繡線，形成米字形即完成。

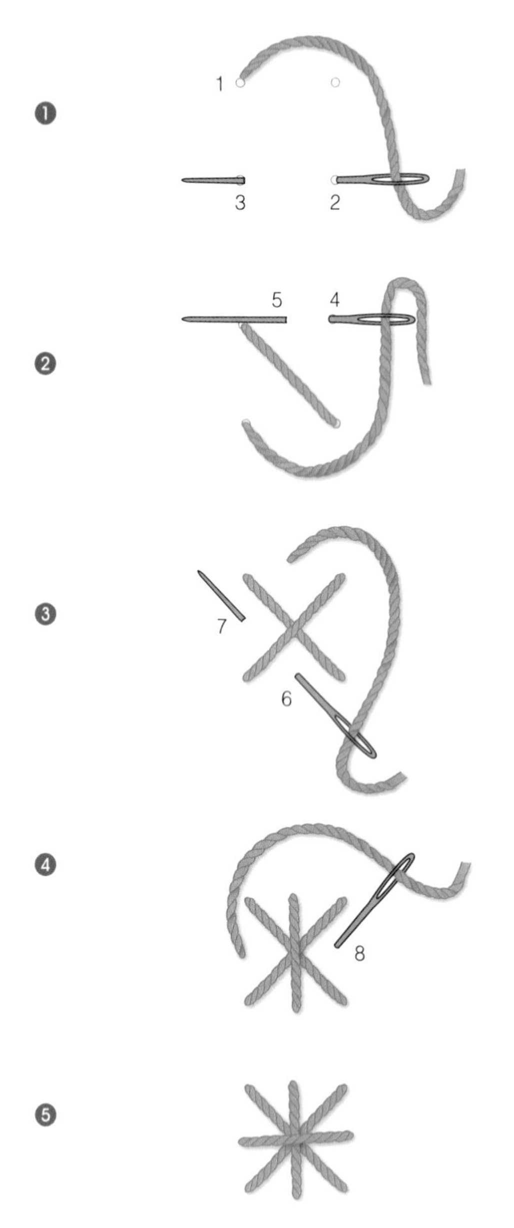

種籽繡
Seed Stitch

用繡線繡出形狀和種籽相似的小小線段，可以自由選擇朝著規律方向或不規則方向刺繡，也可運用在填滿面積較大的繡面。

往直線方向時，每一針都會往回折返，繡出半回針縫。

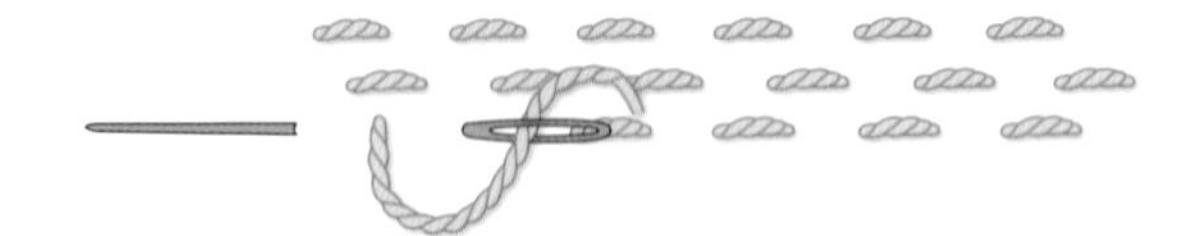

針眼繡
Eyelet Stitch

針眼指的是繡布上的小孔。針眼繡的針法是從中心位置開始，繡出一條條呈現放射狀的直針繡填滿周圍，讓每個線段繞著中心圍出一個圓孔。

平面結繡
Granitos Stitch

經常用來呈現比較厚實的小花瓣或葉片。繡線統一從 1 穿出、從 2 刺入，將此步驟重複幾次即可。繡的時候讓第一個線段保持在中間，其餘線段就照一次左邊、一次右邊的順序進行（一般會繡三個或五個線段），然後用指尖推，讓線段排列整齊。

❶

❷

❸

緞面繡

Satin Stitch

將一條條的直針繡整齊排列，密實地填滿整個繡面。建議從圖案中間開始，先完成上半部後，再回到中間繼續繡下半部，繡出來的紋理會更平整。如果要繡斜線，也最好是從中間而不是從邊緣開始繡，比較能夠掌握整體紋理的方向。

繡水平直線

❶

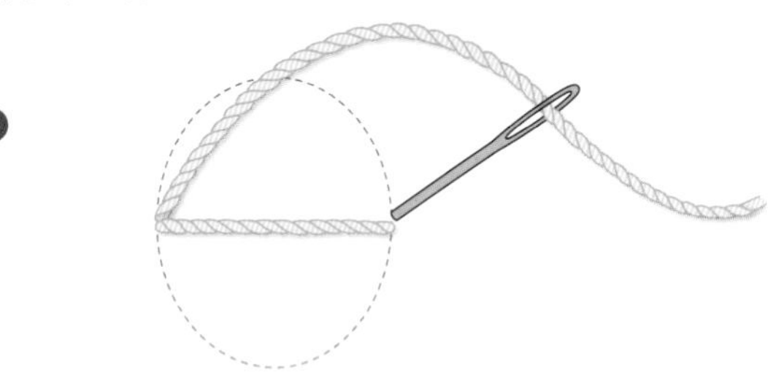

❷

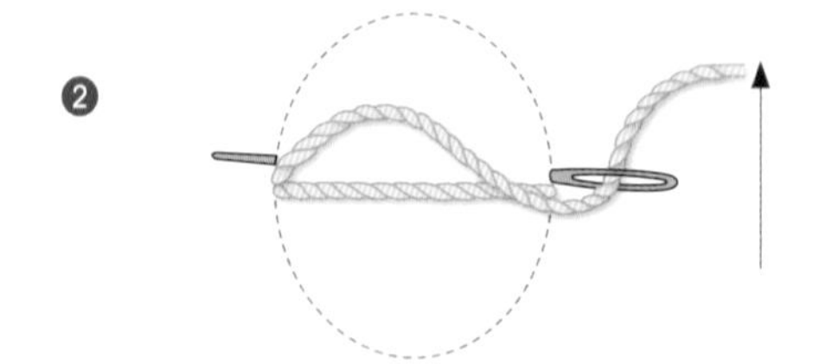

❸

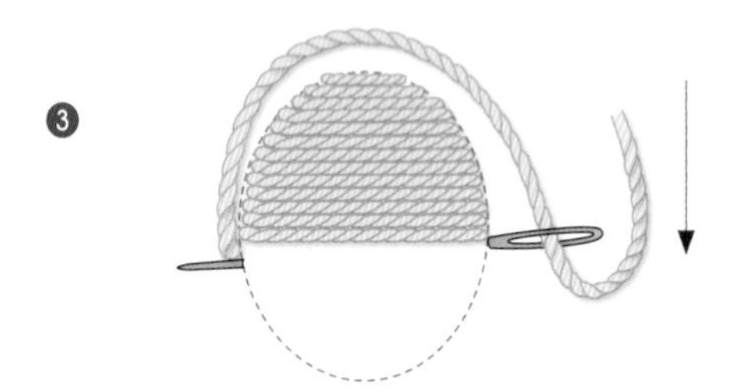

繡斜線

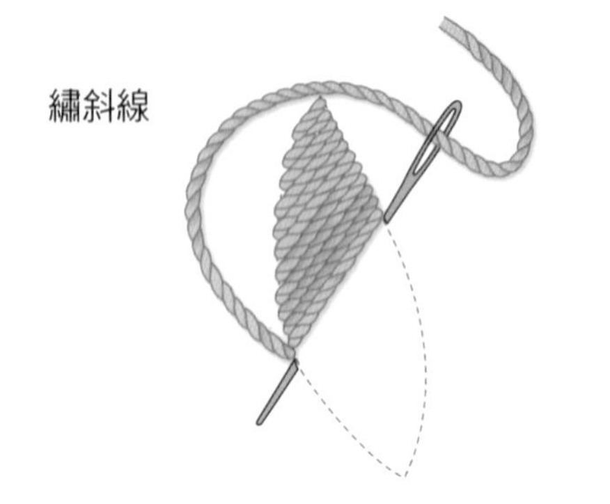

褶皺緞面繡

Satin Stitch Dart

經常出現在白色作品的針法，先繡一層內芯再覆蓋一層緞面繡，能讓圖案具有立體感。通常先用平針繡或回針繡繡出輪廓線，確定圖案範圍，再用輪廓繡或織補繡填滿內層，最後用緞面繡覆蓋，讓圖案的中間部分呈現出飽滿的厚實感。

❷

❸

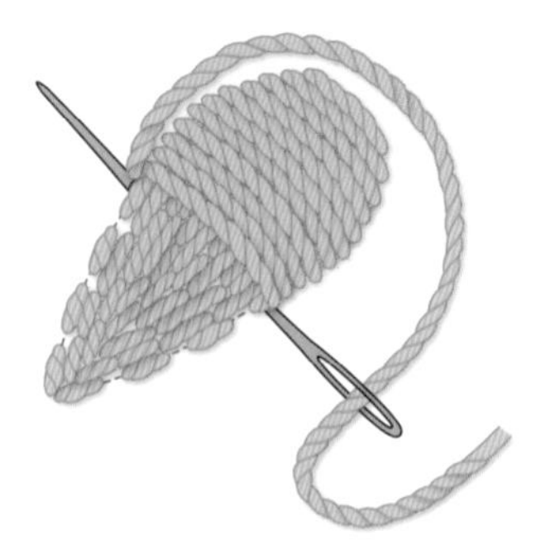

褶皺緞面繡適合運用在面積比較大的圖案或文字上。

含芯緞面繡
Padded Satin Stitch

要讓花瓣或葉片等較小的圖案呈現飽滿的厚實曲線時會使用的針法。先用平針繡或回針繡繡出圖案輪廓，再用織補繡繡內層範圍，最後，位於上層的緞面繡要儘量繡得平整一點。

❷

❸

含芯緞面繡與褶皺緞面繡的技法相同，但褶皺緞面繡的內層是完全填滿的，因此會較突出且立體。

長短繡
Long and Short Stitch

通常用來填滿寬大的繡面，或呈現放射狀圖案。刺繡時是分層去繡直線段，並更換不同顏色的繡線，因此可以自然詮釋出漸層效果。在繡最上層時讓線段長短交錯，到了第二層開始就用一樣的長度。

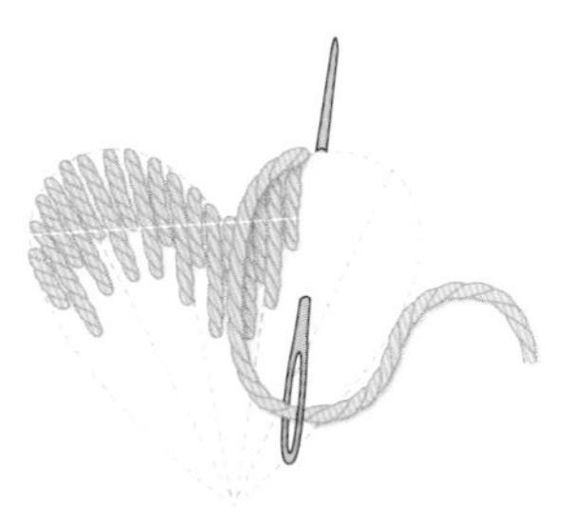

按照圖案方向先畫好引導線，能繡出更加自然的紋理。

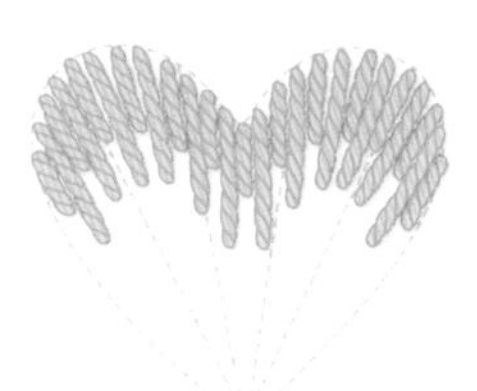

❸

❹

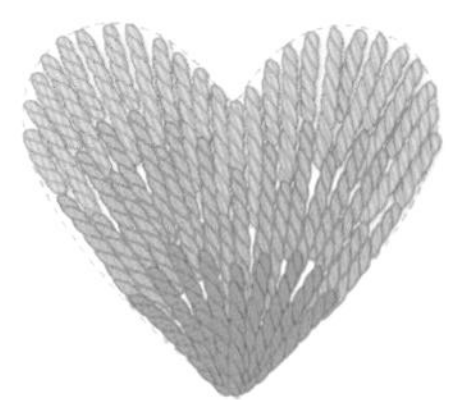

自由繡
Free Stitch

此針法就像是用鉛筆畫素描一樣，自由地運用直針繡填滿任意圖案中範圍較寬的繡面。建議在圖案上事先畫好引導線，能夠繡出更加自然的紋理。

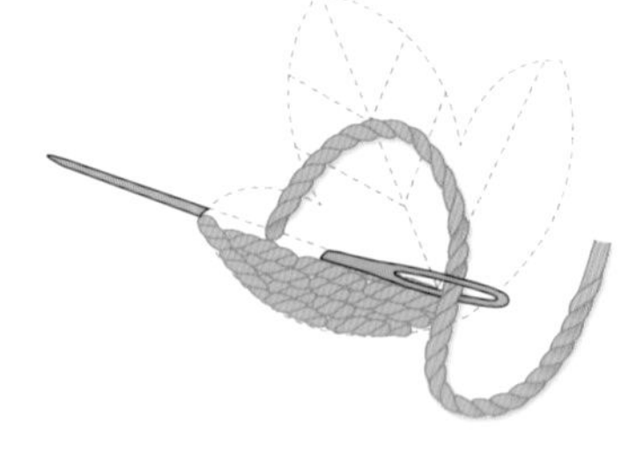

❸

雛菊繡
Lazy Daisy Stitch

經常用來呈現小花瓣或葉子。由於每個線段（花瓣）長度可以自由調整，花瓣數量也能改變，因此能繡出不同類型的花朵。一開始穿出來的針眼，和再次刺入的位置若相同，繡出來的圖樣會更俐落。

❶

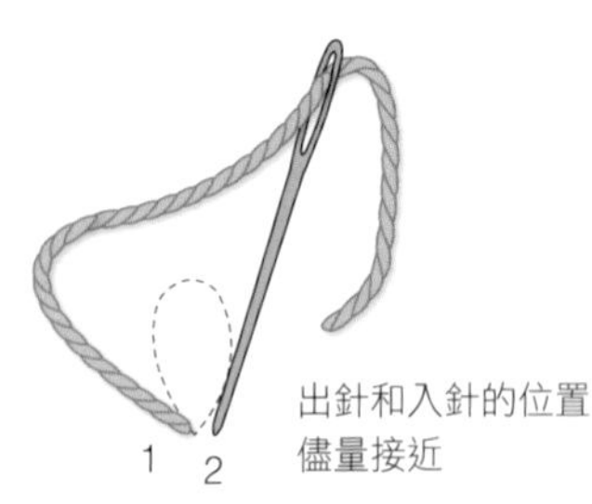

❷

❸

❹

雙重雛菊繡
Double Lazy Daisy Stitch

雙重雛菊繡是在大一點的雛菊繡裡面繡一個小一點的雛菊繡，一般用來呈現大朵的花或是葉片。內外層的雛菊繡如果使用不同顏色的繡線，便能演繹出色彩更為豐富多變的作品。

❸

❹

俄羅斯鎖鏈繡
Russian Chain Stitch

此針法是先繡兩個呈 V 字形的雛菊繡，然後利用一個圓弧將它們串在一起，形成三角形的構圖。經常用來呈現花朵圖案或作為裝飾。

❶

❷

❸
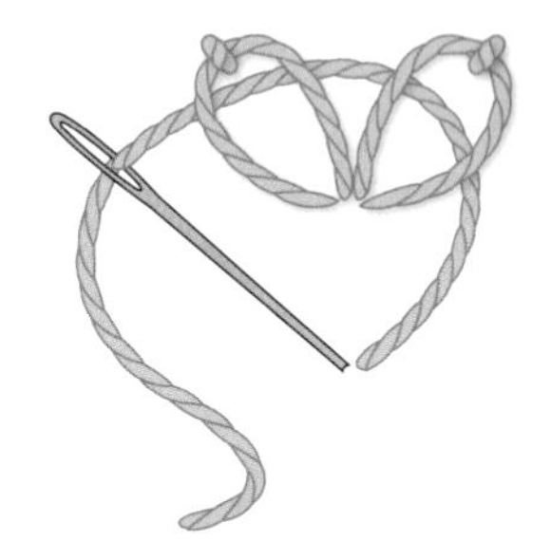

❹

指環繡
Ring Stitch

先繞出一個圓圈後，再用一個短針固定住剛才繞出來的圓圈，形成一個指環造型。一般會沿著花芯繡一圈指環繡，呈現出立體的小花，或是做其他延伸變化。

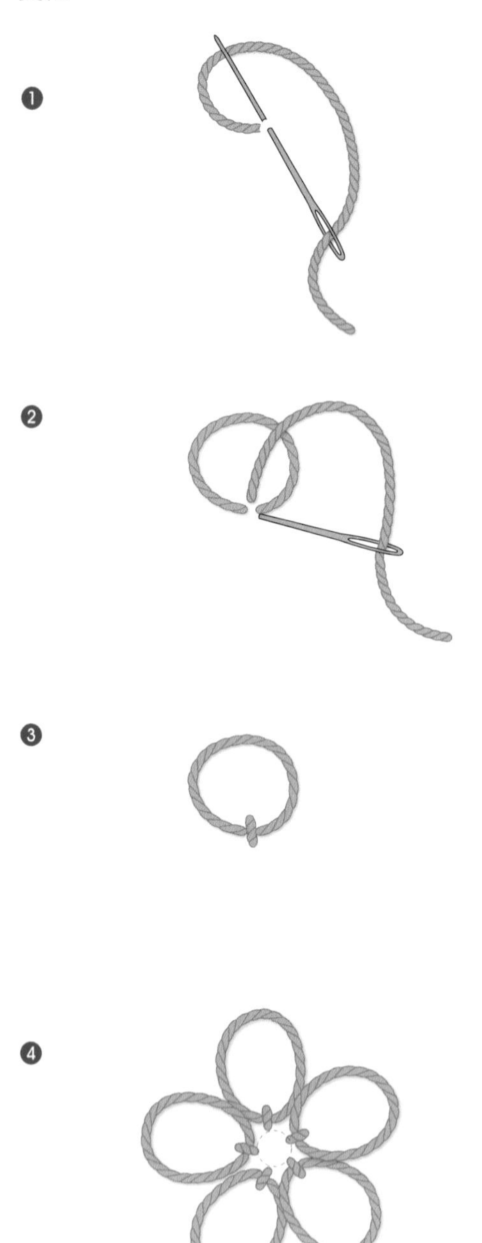

法國結粒繡
French Knot Stitch

結粒是打出一個結的意思，透過改變繡線股數或是纏繞圈數（通常繞 2～3 次），能夠調整結粒的大小。將繡線纏繞在針上後，將纏繞處往布面的出針處 1 推，並順勢將針垂直穿過去拉緊，結粒造型就會留在布面上。

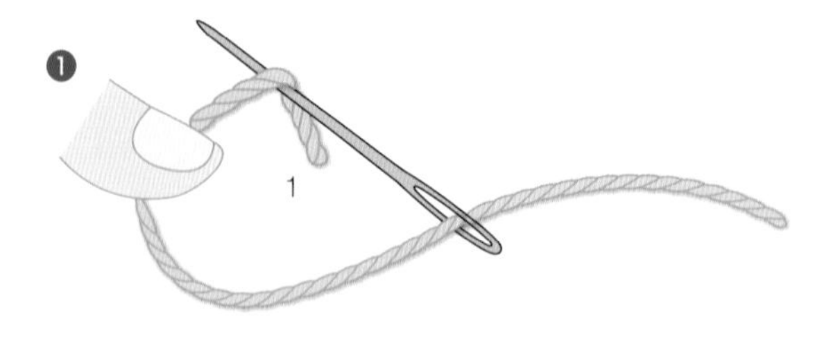

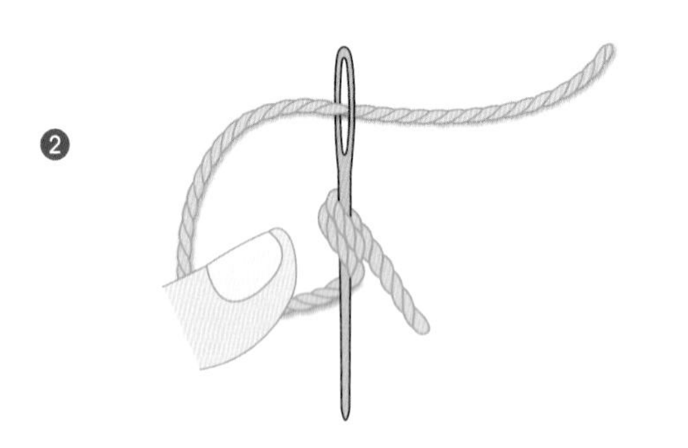

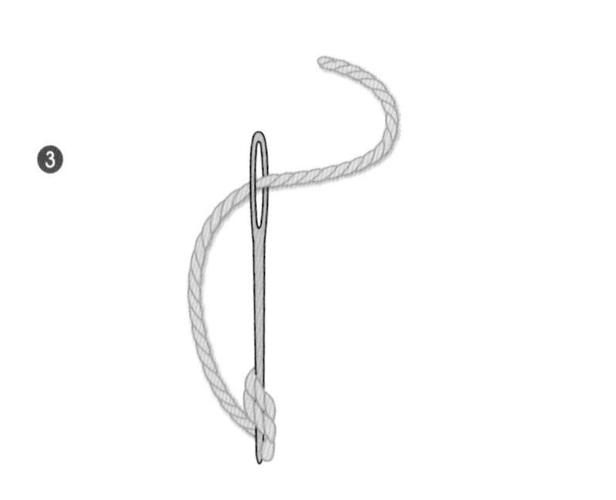

外型像是一粒籽，經常用來表現小花、花蕊或果實，也能用來填滿一整個繡面。

殖民結粒繡
Colonial Knot Stitch

殖民結粒繡的外型和法國結粒繡類似，但形成的結粒會比較大且結實。在作法上是把繡線在針上繞出8字形後，再打成一個結。

❶

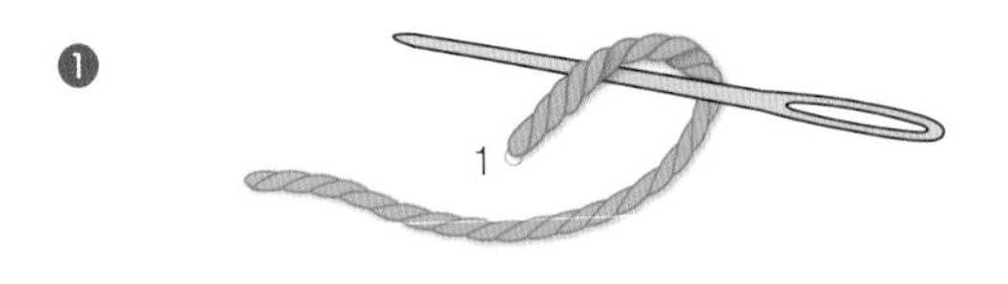

❷

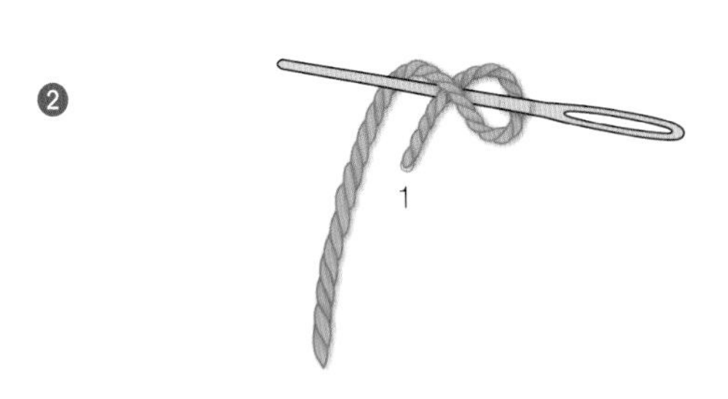

❸

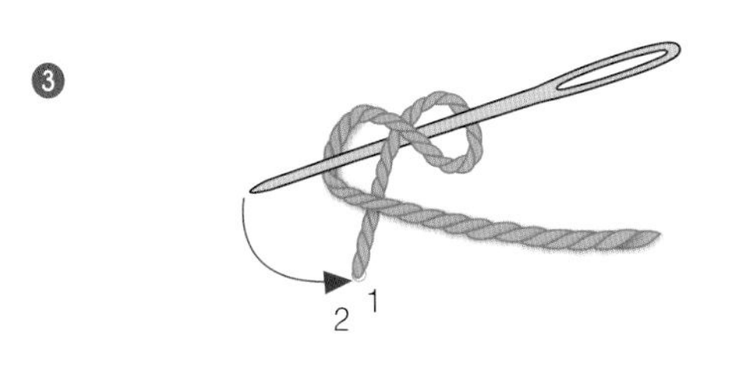

❹

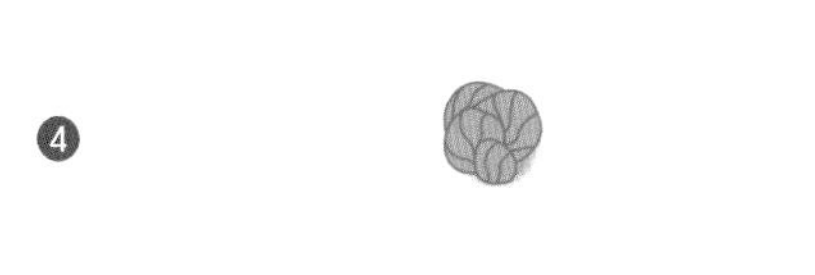

雌蕊繡
Pistil Stitch

此針法結合了法國結粒繡和直針繡。一開始的步驟和法國結粒繡一樣，不過收尾時會把繡針刺入離第一針的針眼稍微有一段距離的位置。

❶

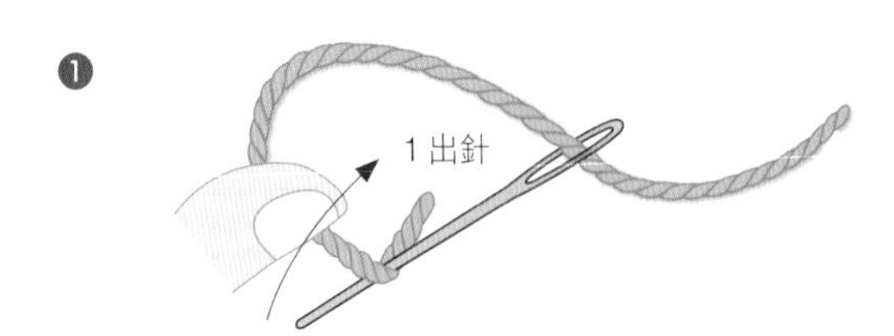

❷

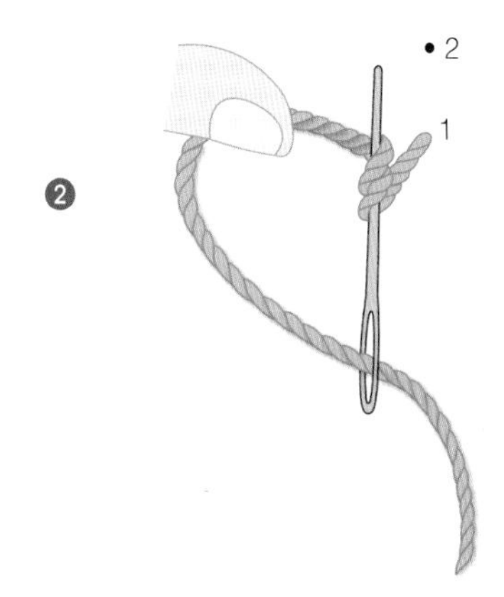

❸

❹

德國結粒繡
German Knot Stitch

先繡出一個平針繡後，穿過線段下方的縫隙繞兩圈，做出類似於德國結餅乾的繩結造型，再入針固定。適合用作裝飾。

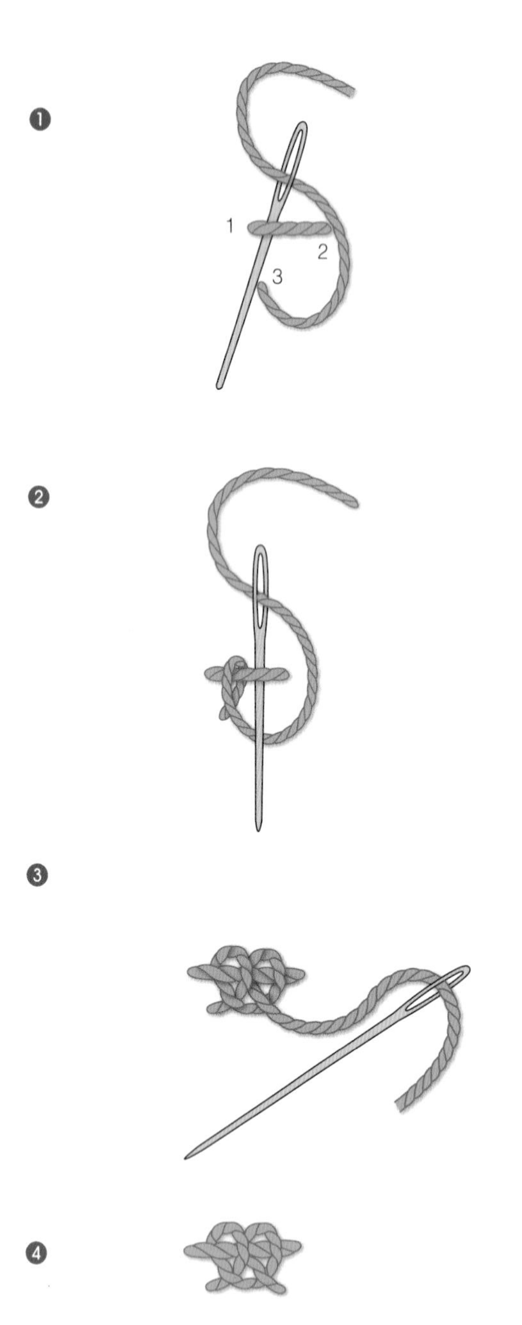

纜繩繡
Cable Stitch

纜繩是指比較粗的繩索，纜繩繡的作法就是繡出數個德國結粒繡串連起來，可以表現出立體的線條，又稱為「英式結粒繡（Palestrina Stitch）」。

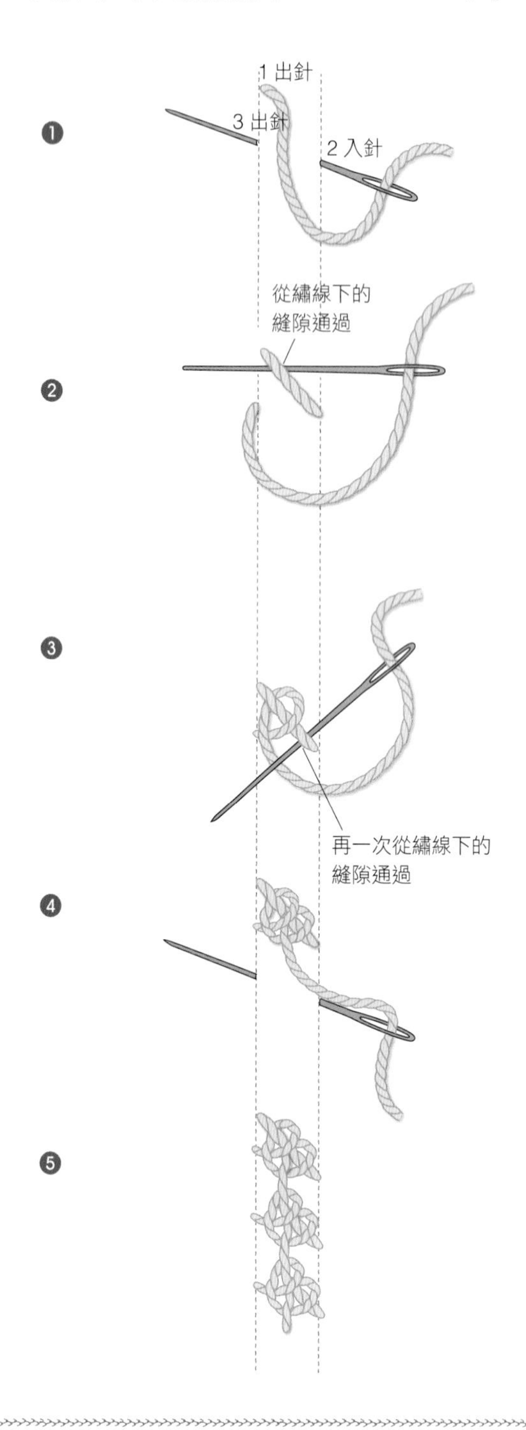

各式各樣的纜繩繡

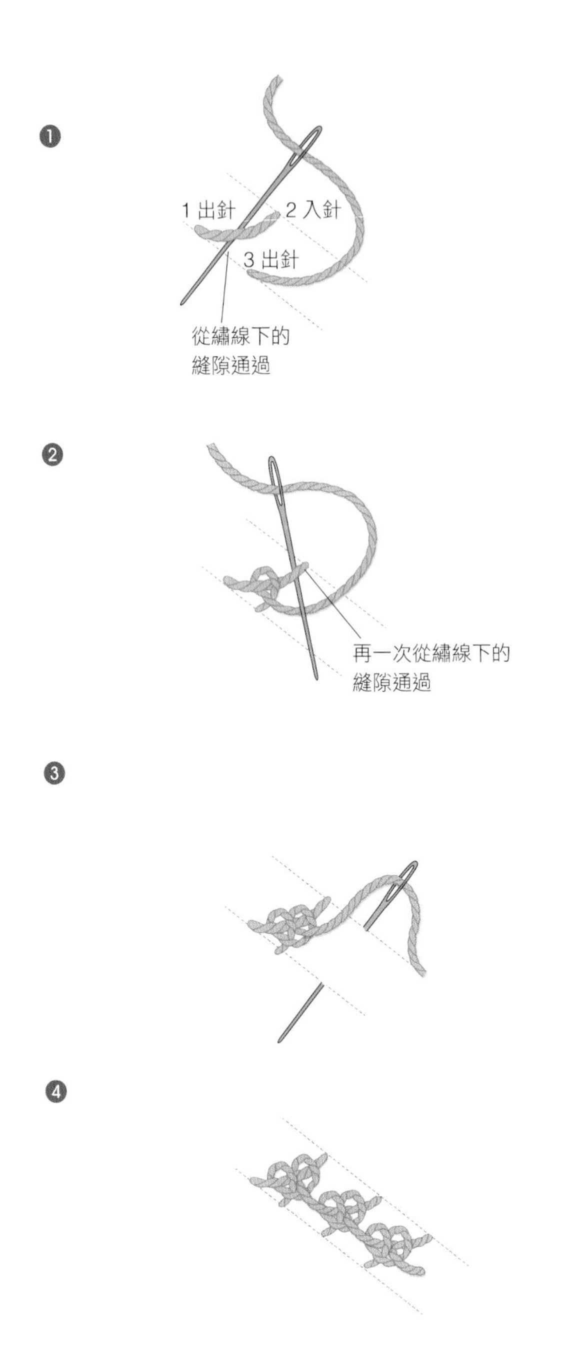

❶
1 出針
2 入針
3 出針
從繡線下的
縫隙通過
❷
再一次從繡線下的
縫隙通過
❸
❹

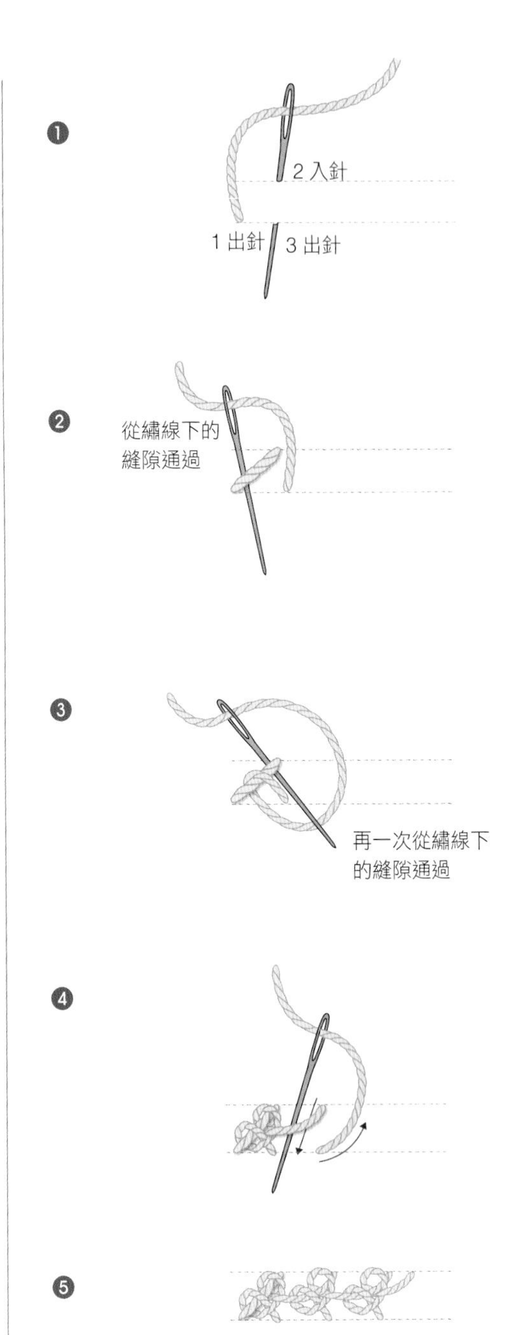

❶
2 入針
1 出針
3 出針
❷
從繡線下的
縫隙通過
❸
再一次從繡線下
的縫隙通過
❹
❺

鎖鏈繡
Chain Stitch

這個針法是由一個個小小的線圈互相連接並套在一起，外型就像是鎖鏈形狀，適合用來呈現線條或填滿繡面。

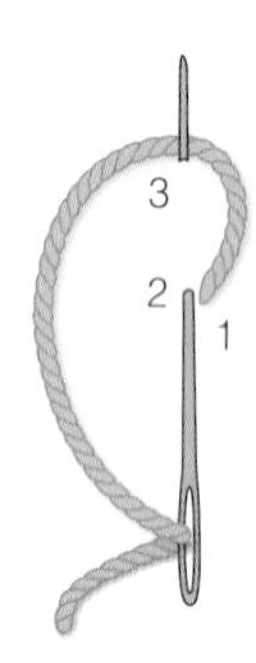

❸

繞線鎖鏈繡
Whipped Chain Stitch

先繡出一排鎖鏈繡，再用不同顏色的繡線環繞剛完成的鎖鏈繡。繞捲時，針不穿過布面，從繡線下的縫隙通過即可。兩種顏色的線彼此纏繞，可以呈現出繁複、華麗的感覺。

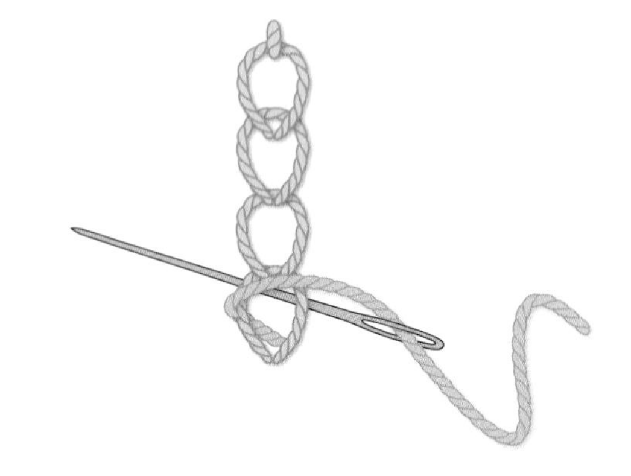

❸

雙色交替鎖鏈繡
Chequered Chain Stitch

英文 Chequered 的意思是棋盤格紋，在這裡指的是兩種顏色彼此交錯的鎖鏈繡。又稱為「魔術鎖鏈繡（Magic Chain Stitch）」。一開始會將不同顏色的繡線一起穿針，然後將兩條線交替做出線圈。

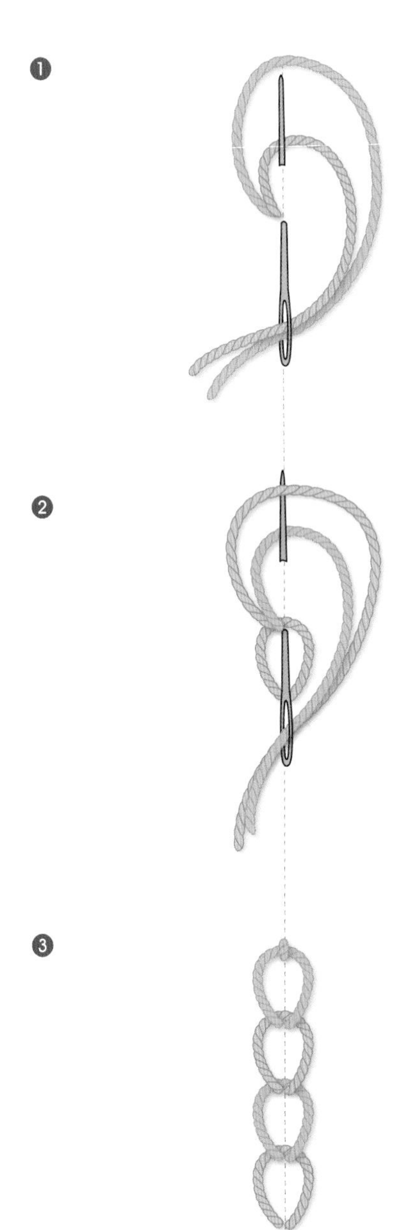

鋸齒鎖鏈繡
Zigzag Chain Stitch

將原本直線排列的鎖鏈繡，改成沿著鋸齒狀的線條刺繡即可。

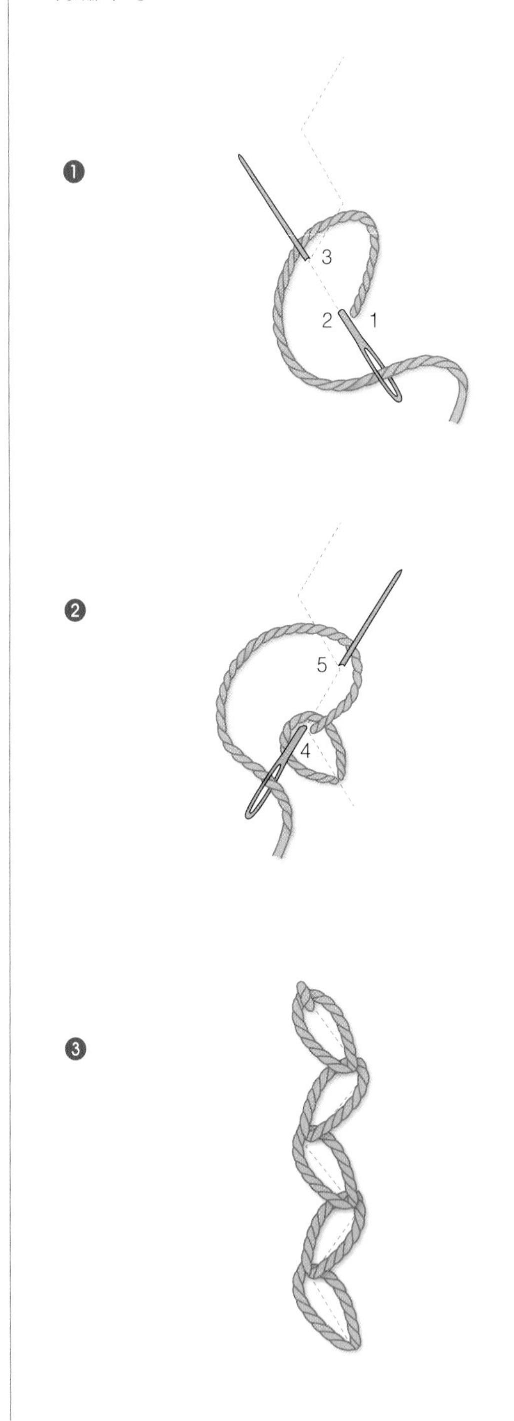

回針鎖鏈繡
Back Stitched Chain Stitch

先完成鎖鏈繡之後，再用不同顏色的繡線，在鎖鏈繡圓圈的中間繡出回針繡。

❶

❷

❸

穿線鎖鏈繡
Threaded Chain Stitch

先完成鎖鏈繡之後，再用不同顏色的繡線，輪流左右穿過鎖鏈繡的圓圈，繞出波浪型的紋樣。

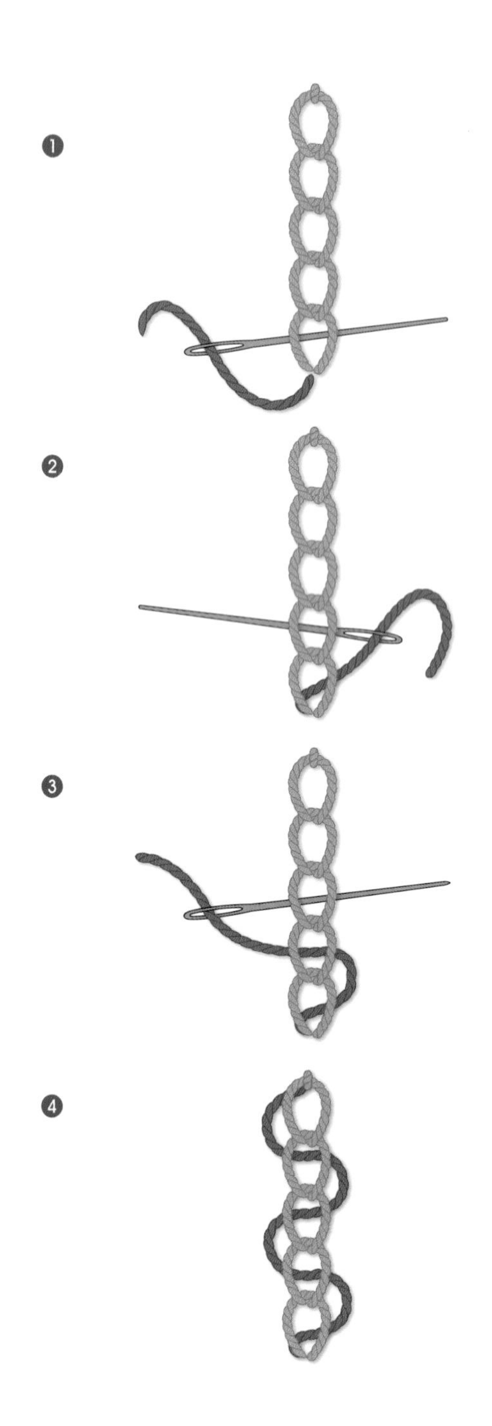

雙層鎖鏈繡

Double Chain Stitch

輪流往左邊和右邊刺繡，呈現出雙層鎖鏈的造型。看起來也像是左右來回繡出飛鳥繡的紋樣。

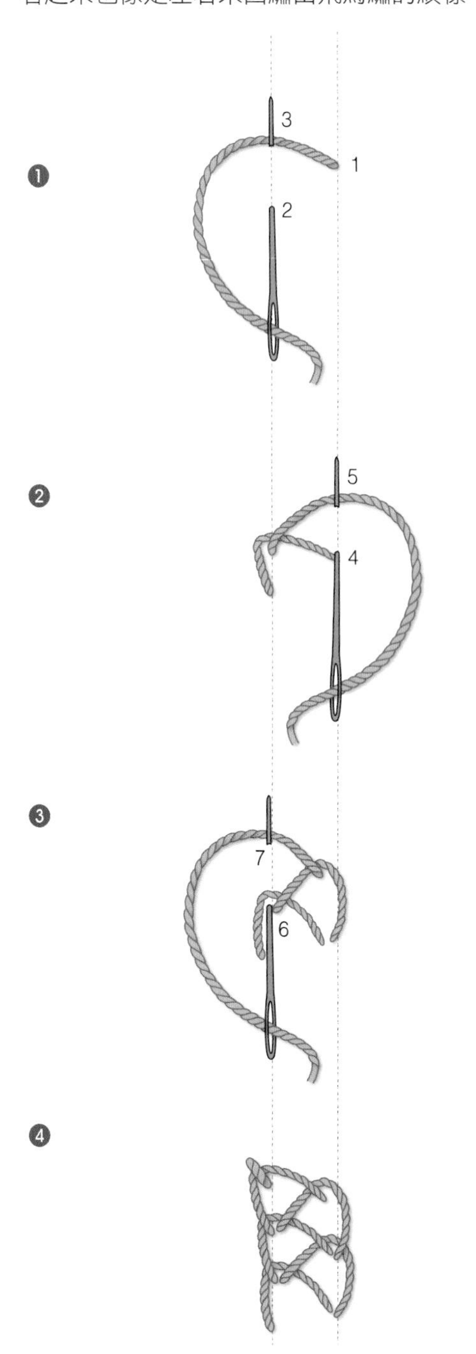

纜繩鎖鏈繡

Cable Chain Stitch

造型看起來像是纜繩，也像一節一節的鐵鍊。先把繡線繞針一次、做出鎖鍊中間的扣環，再按鎖鏈繡作法繡出圓圈，拉緊後即完成一個纜繩鎖鏈繡。以同樣方法持續刺繡即可。

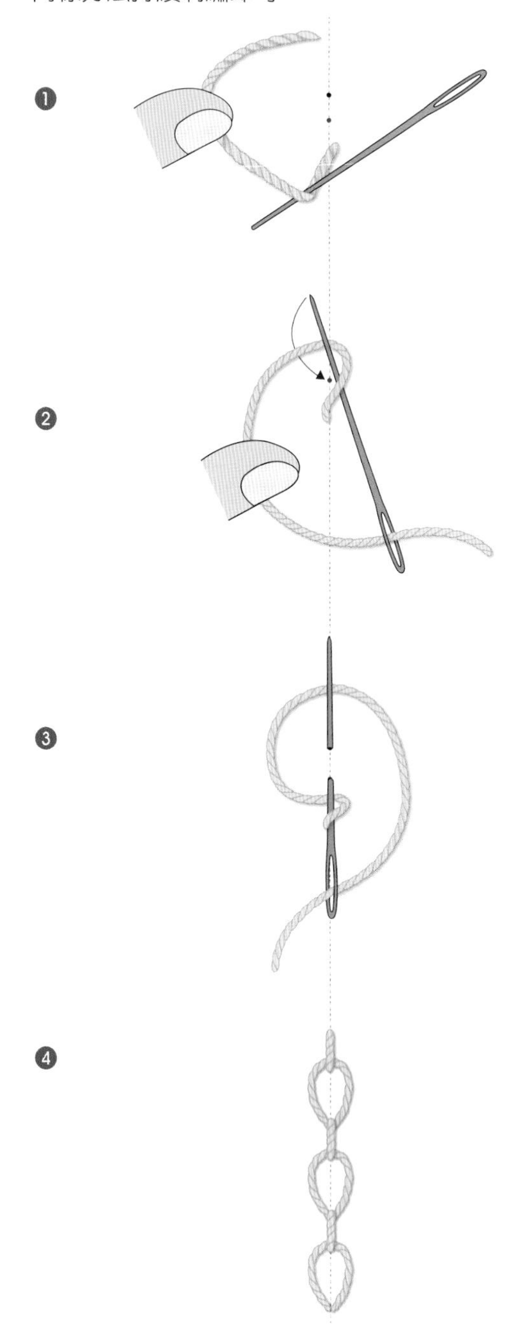

寬鎖鏈繡
Broad Chain Stitch

此針法可以凸顯鎖鏈繡的線條造型。先繡出一個短線段後，從線段的下方位置出針，接著讓繡線穿過短線段下的縫隙，形成一個圓圈就完成一節寬鎖鏈繡，依照同樣方式繼續刺繡即可。刺繡方向會與鎖鏈繡相反。

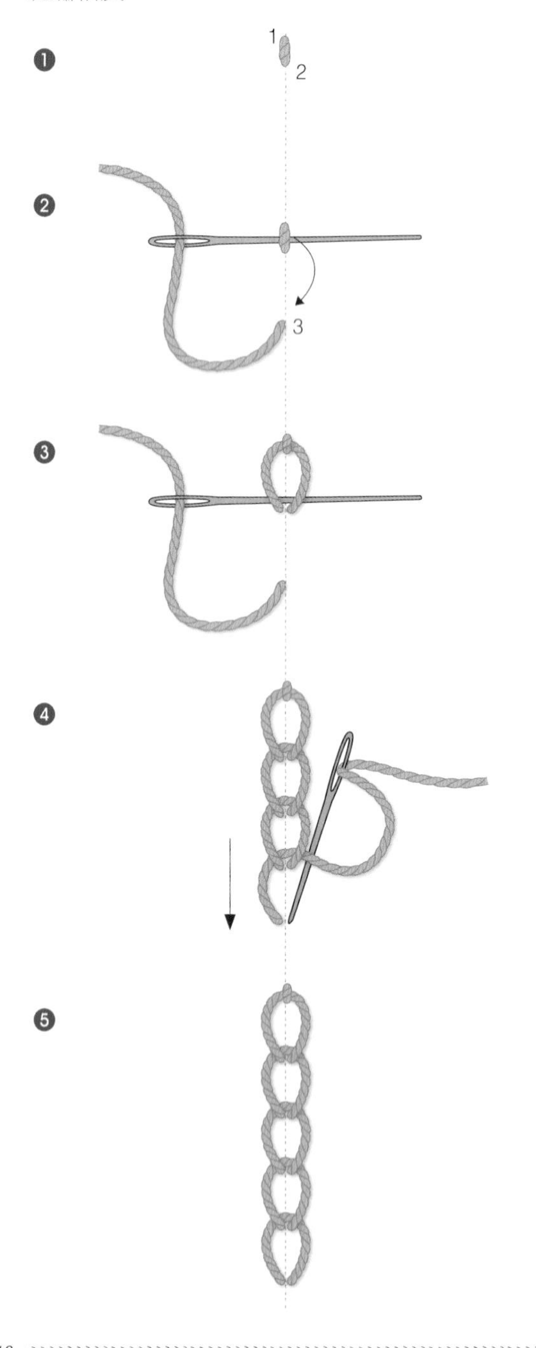

匈牙利髮辮鎖鏈繡
Hungarian Braided Chain Stitch

匈牙利髮辮鎖鏈繡是寬鎖鏈繡的應用型態，線條感覺更厚實、也更有立體感。

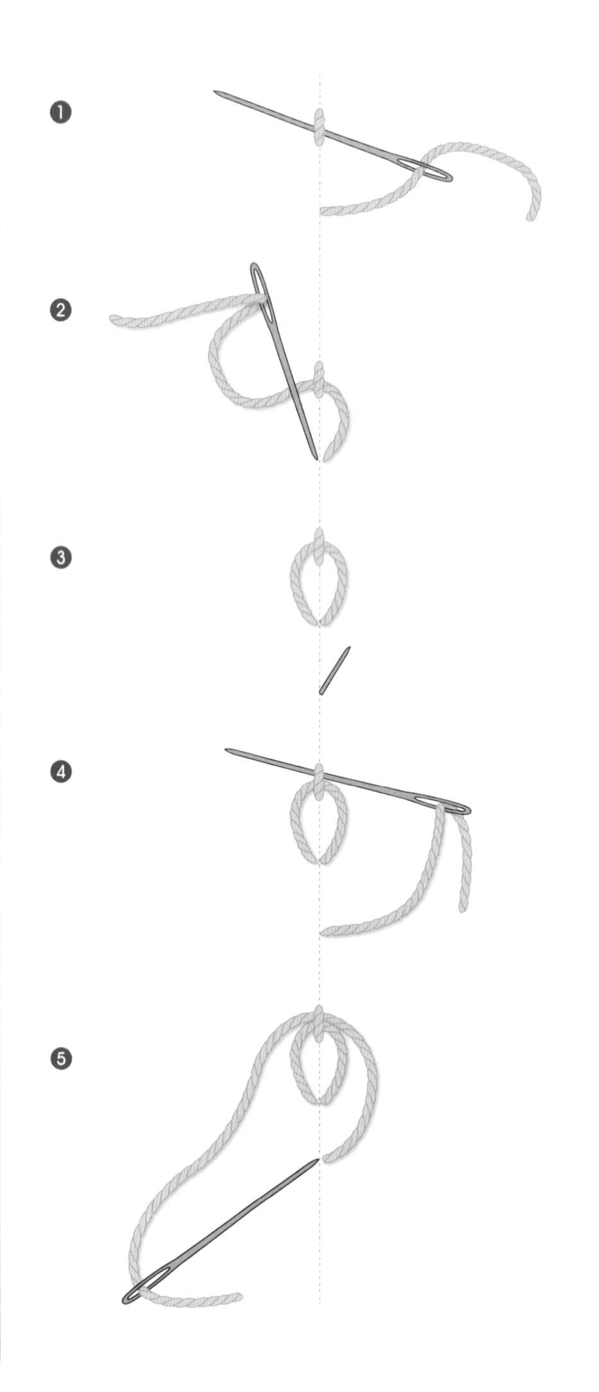

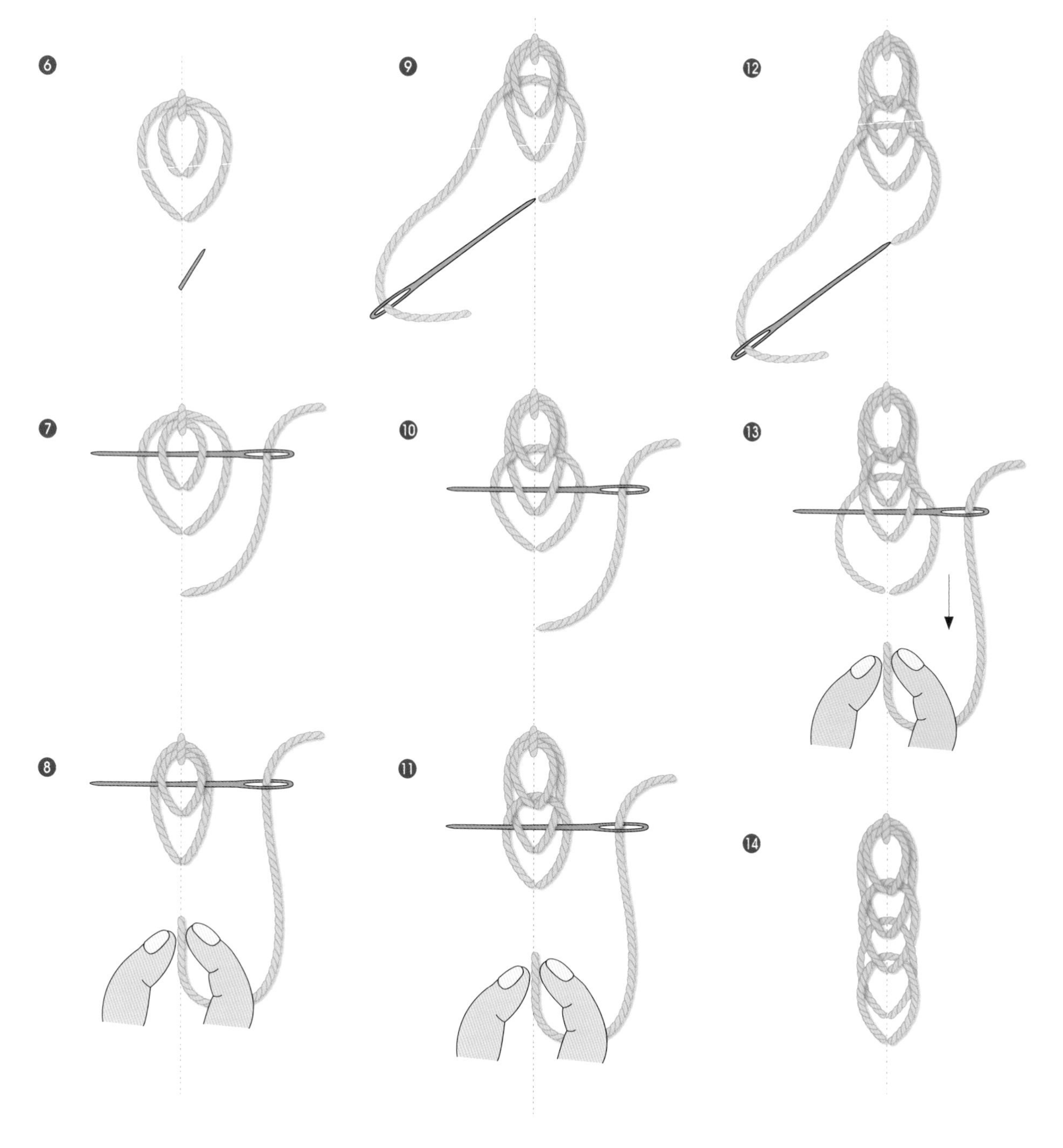
6
9
12
7
10
13
8
11
14

裂線回針繡

Split Back Stitch

英文 Split 有「分開」的意思，這是一種分開繡線、從中間穿出的刺繡針法，適合用來呈現質感比較粗獷的線條。經常用於繡圖案輪廓線條，或線條分布緊密的繡面。

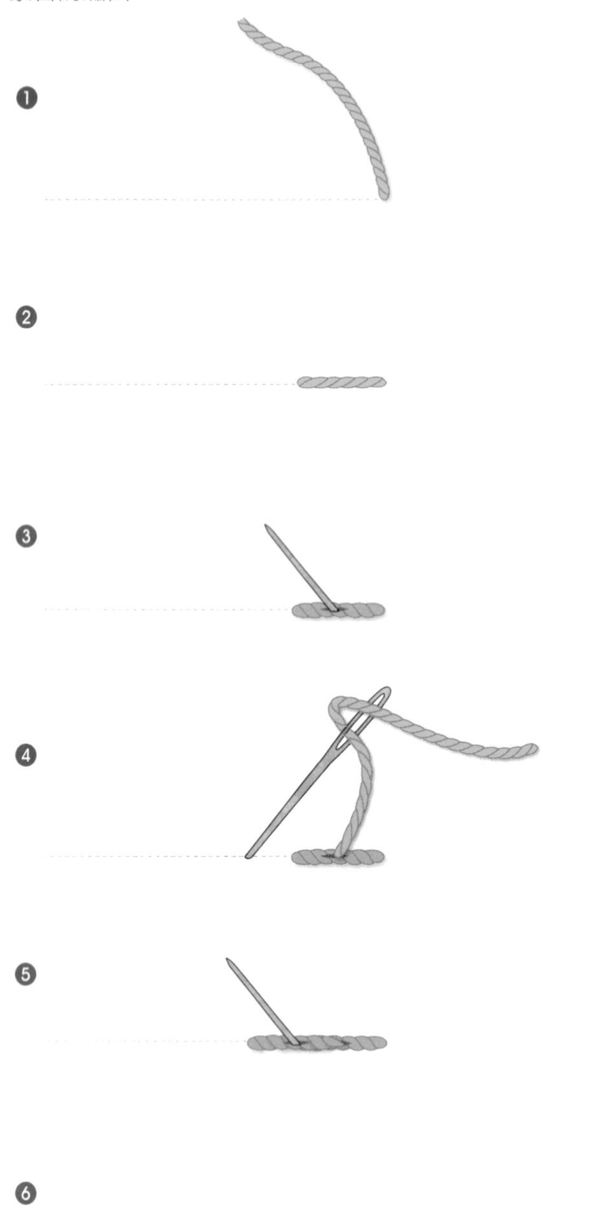

裂線繡

Split Stitch

將兩條繡線同時穿過繡針，如圖 ❶ 從布面穿出後，從中間把兩條繡線分開，在圖 ❷ 時稍微往上拉緊，持續同樣方式進行即可。如果兩條繡線顏色不同，最後會呈現出左右邊不同顏色的造型。

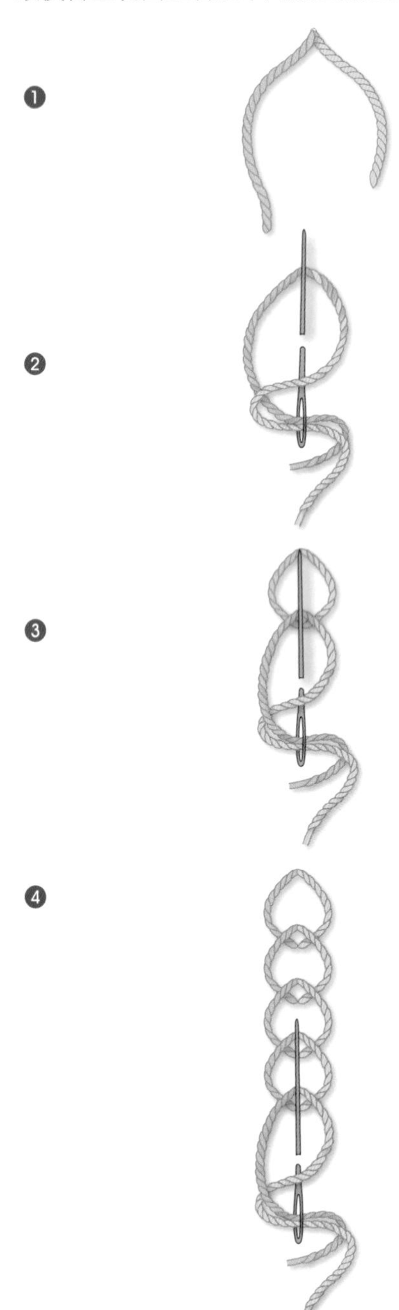

麥穗繡
Wheatear Stitch

此針法造型就像是一粒粒串連起來的麥穗。先繡出一個V字形之後，從V字底下出針，再拉線穿過繡好的V字，繞出一個圈，接著繼續重複相同的步驟即完成。

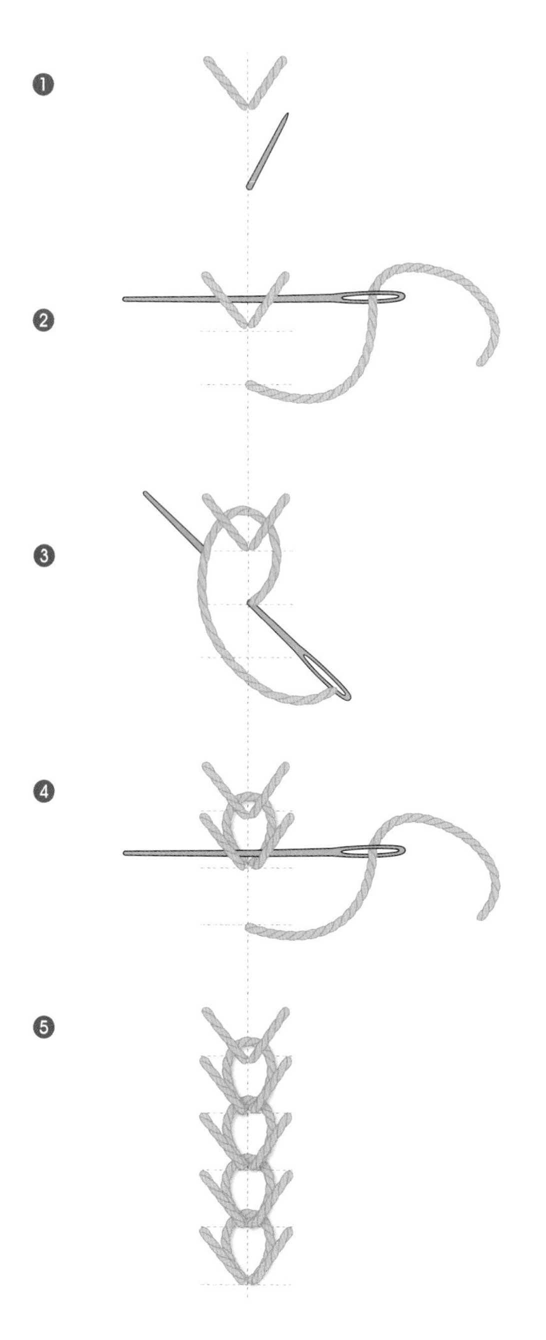

斷鎖鏈繡（心形鎖鏈繡）
Broken Chain Stitch

英文 Broken 有「斷裂」的意思，這裡指側邊沒有連接起來的鎖鏈繡造型。如果在左右兩邊繡出對稱的斷鎖鏈繡，便能呈現愛心形狀，因此這時候亦稱為「心形鎖鏈繡」。

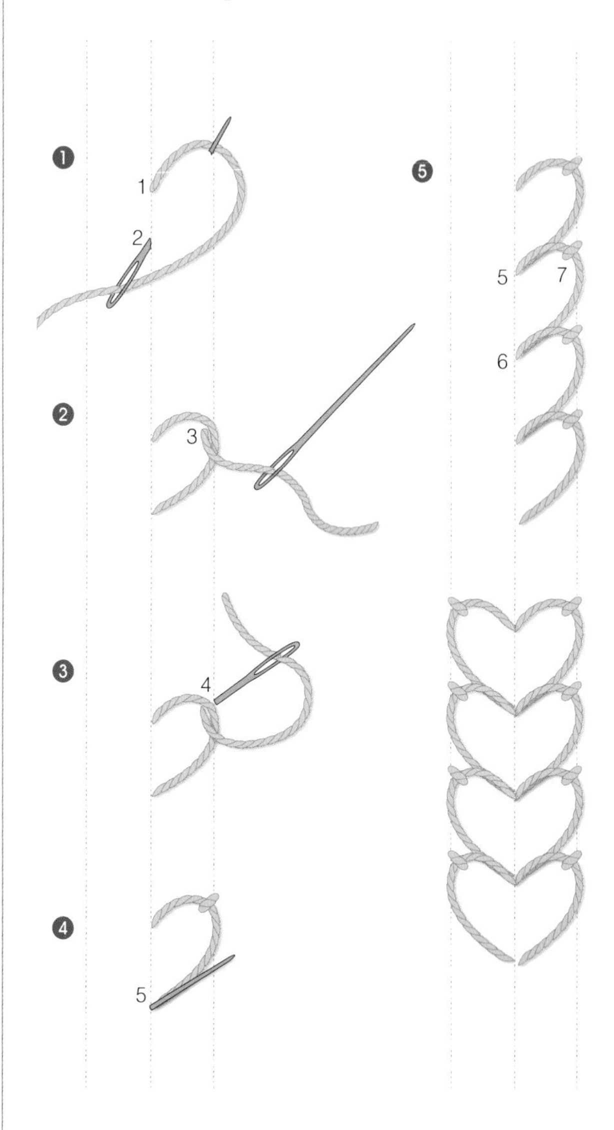

羽毛繡
Feather Stitch

這是一種「羽毛造型」的針法，只要輪流往左右兩邊繡飛鳥繡就能完成。可以當作裝飾線條、樹枝，或用來表現花莖。繡之前，建議先畫四條直線以便定位，繡出來的造型才會整齊好看。

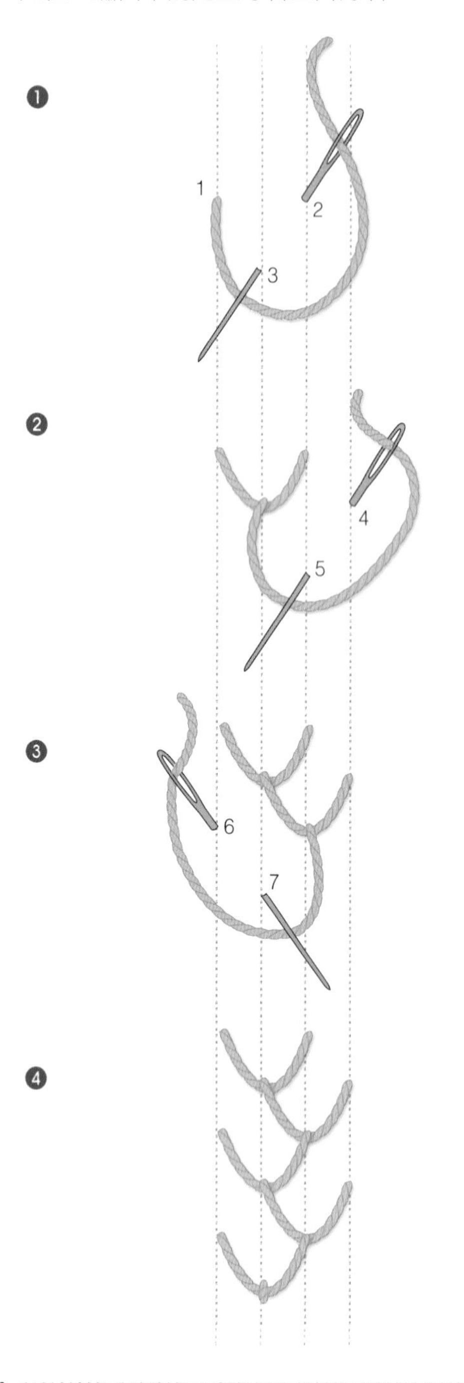

雙羽毛繡
Double Feather Stitch

雙羽毛繡是輪流往左右兩邊繡兩次飛鳥繡，然後不斷地向下延伸。在繡之前，建議先畫出五條直線再開始。

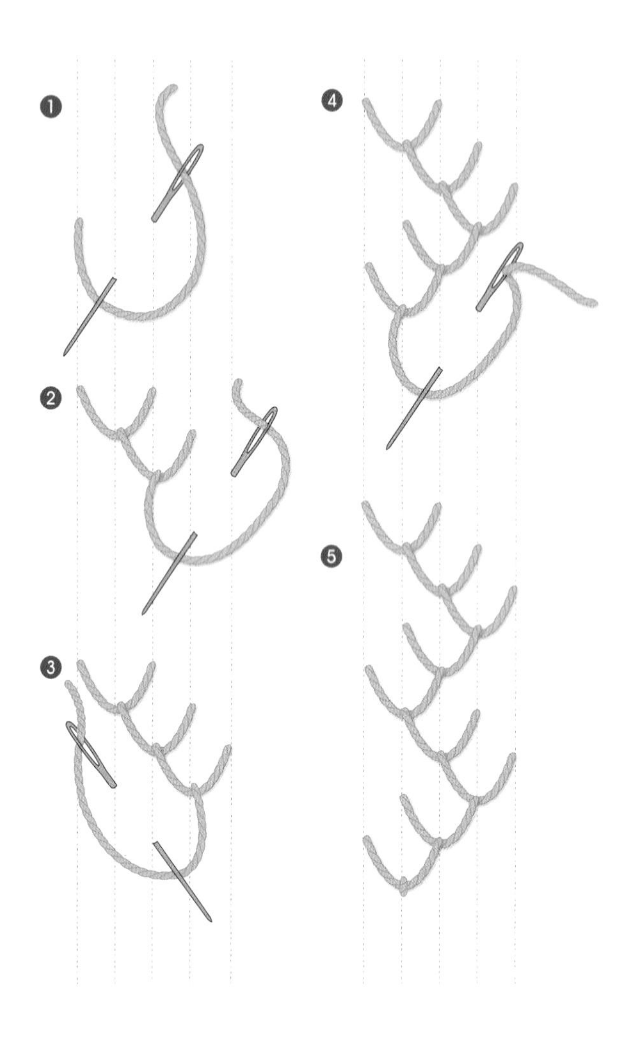

封閉型羽毛繡
Closed Feather Stitch

Closed 在針法上是指將間隔縫得緊密之意。封閉型羽毛繡就是要將羽毛繡的開口閉合起來。

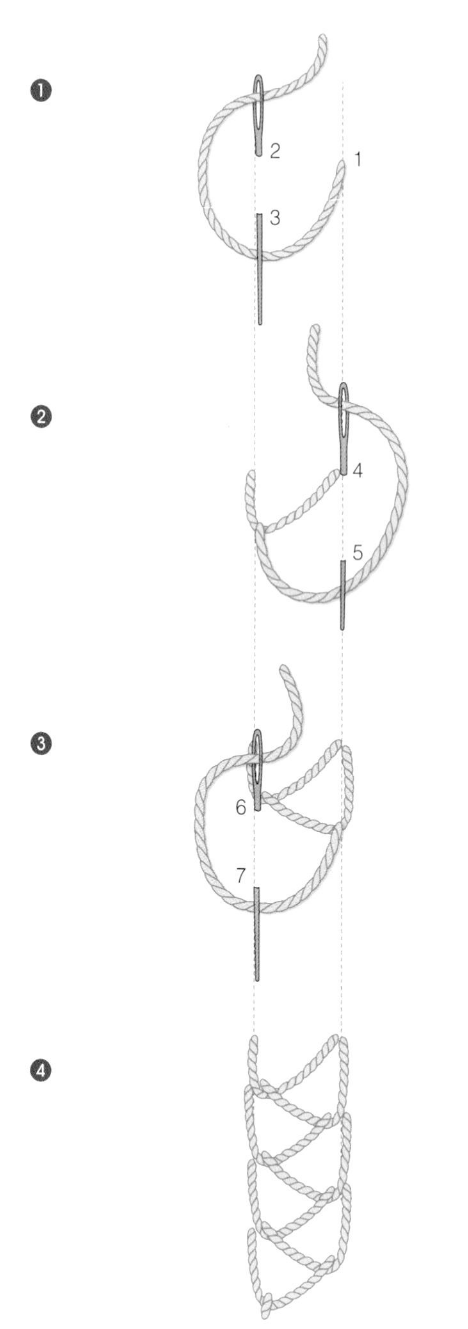

開放克里特繡
Open Cretan Stitch

這個針法經常用來裝飾繡線比較粗的刺繡作品。

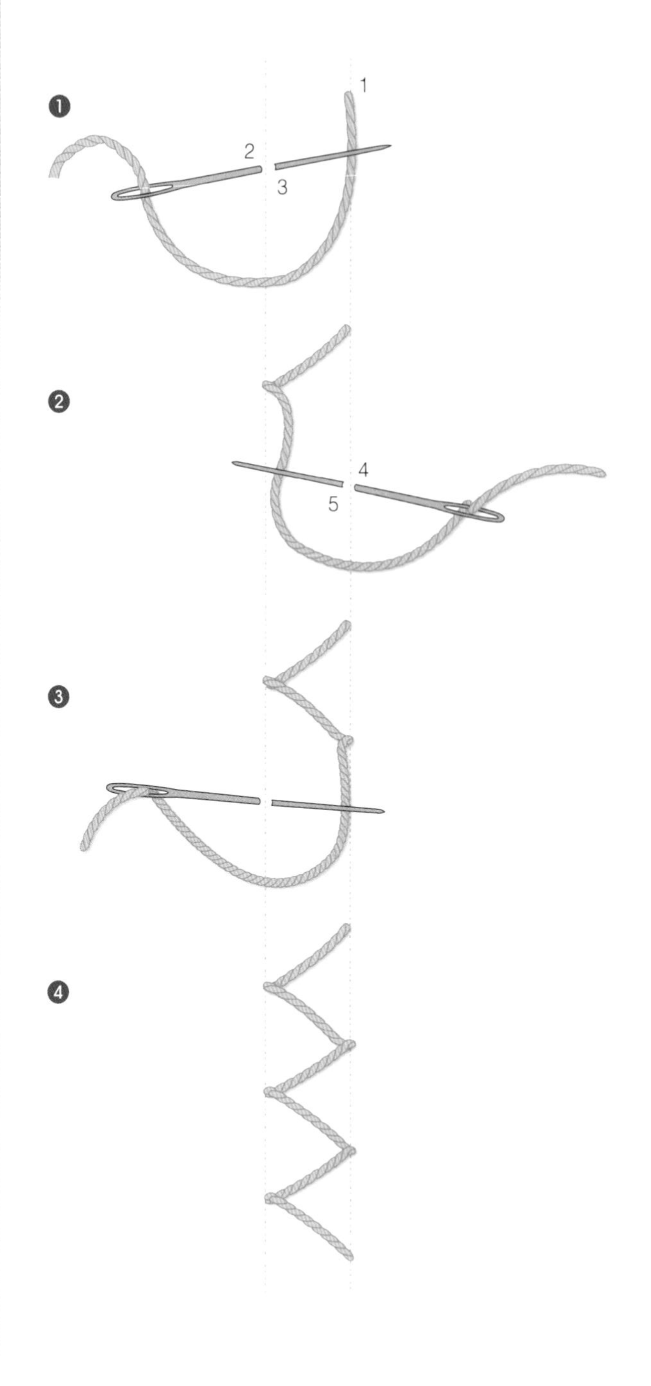

釦眼繡

Buttonhole Stitch

這是一種用來製作釦眼或使用在繡布邊緣和貼布繡（applique）上的針法，會規律地繡出一個個直角。手帕或毛毯收尾時，經常會用釦眼繡做裝飾。

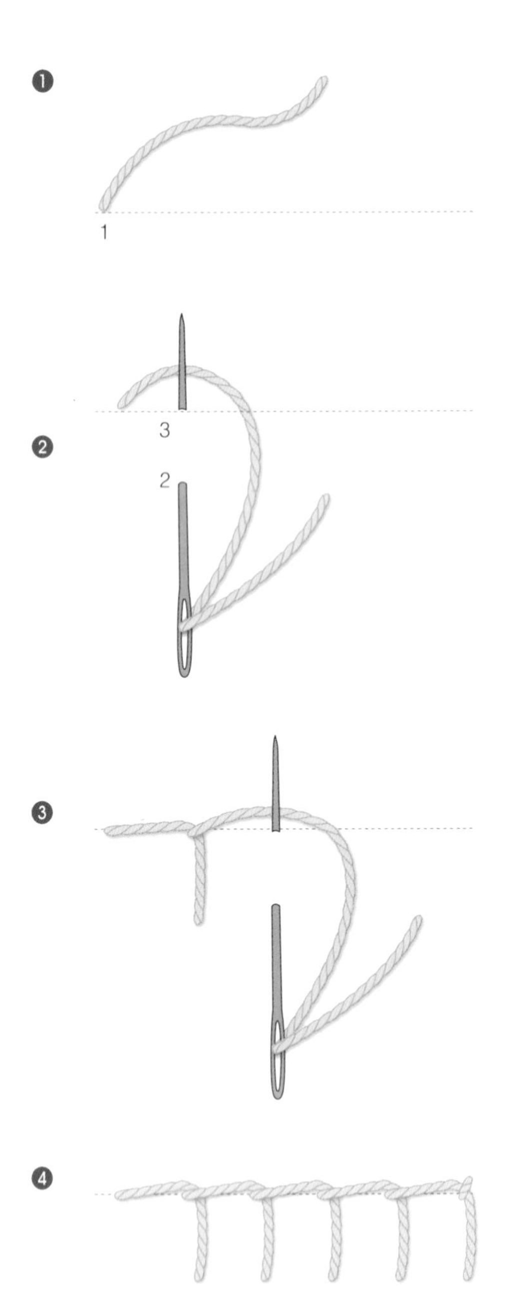

雙層釦眼繡

Double Buttonhole Stitch

先完成一排釦眼繡之後，在下排位置繡出方向相對的釦眼繡，讓上下兩排釦眼繡的間隔交錯。

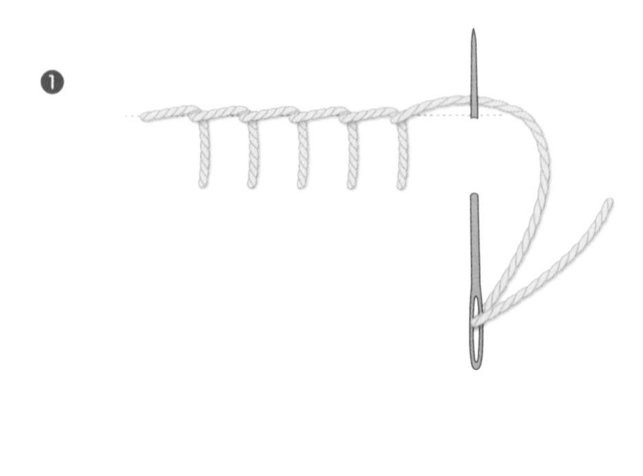

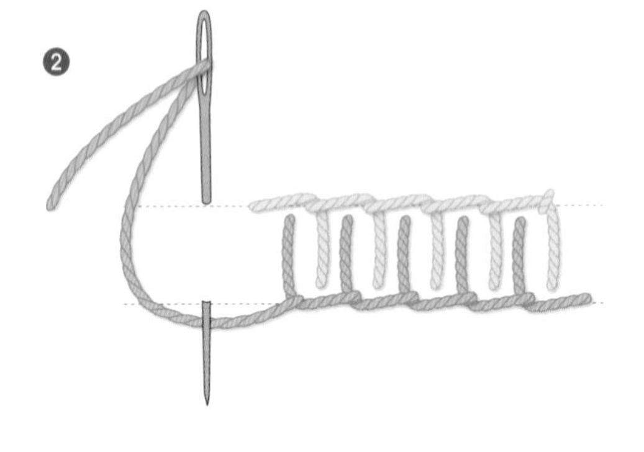

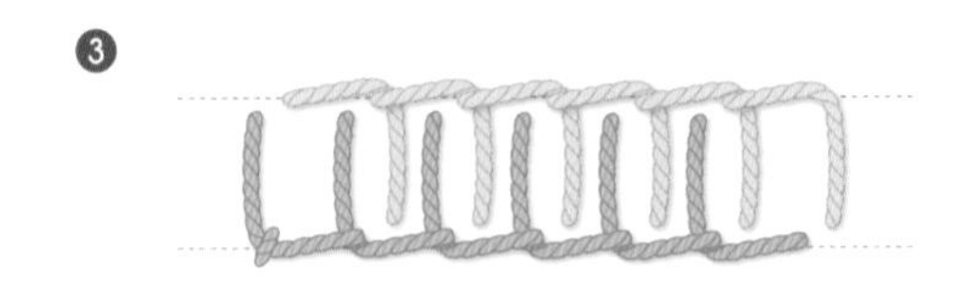

封閉型釦眼繡
Closed Buttonhole Stitch

讓三條（或數條）釦眼繡的線段往同一個位置聚集，形成三角形的裝飾針法。經常用在圖案以線條為主的刺繡作品上。

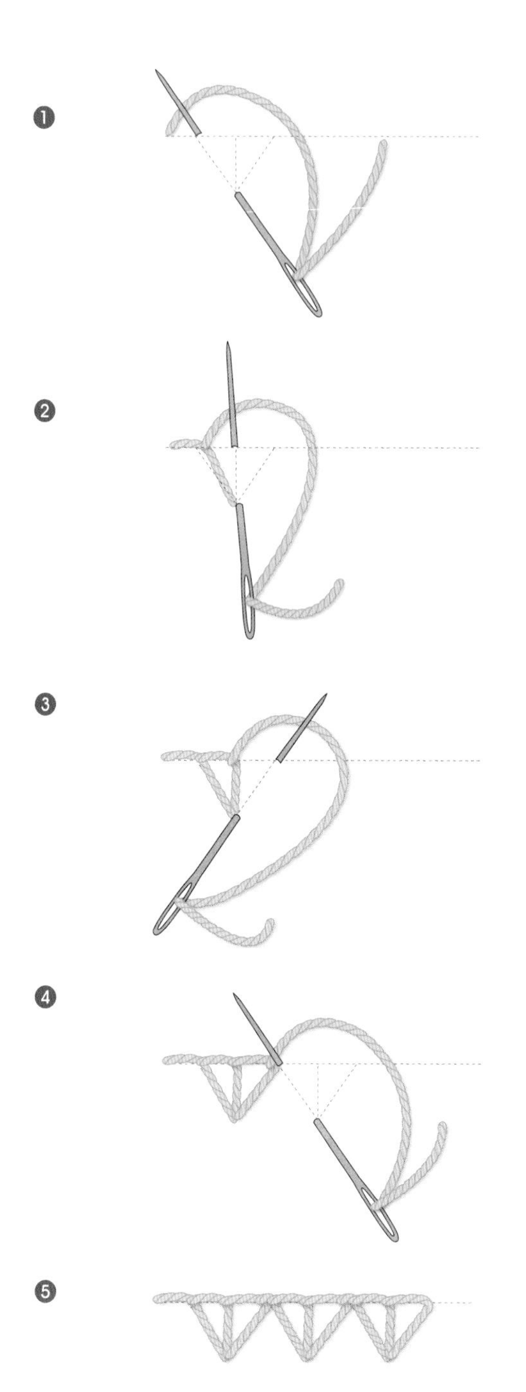

圖形釦眼繡
Shaped Buttonhole Stitch

先沿著預設的線條完成平針繡（圖❶）之後，繡上一層緊密排列的釦眼繡。此針法可以讓刺繡作品稍微帶有立體感。刺繡時必須以同樣距離的間隔緊密排列，才能繡出俐落的圖案，而且裁剪繡布時也才不會鬆脱、散開。

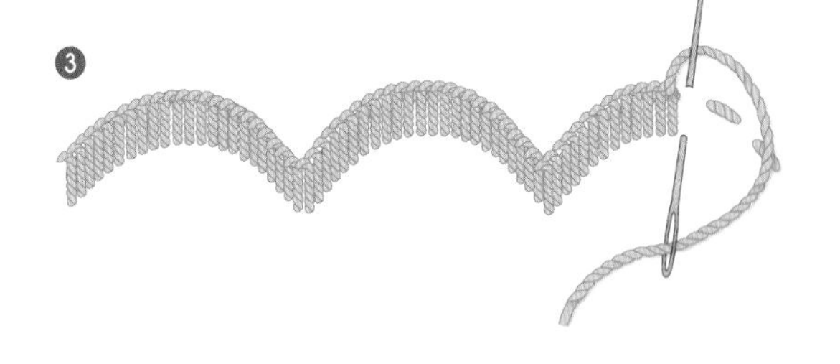

輪狀釦眼繡
Circle Buttonhole Stitch

外觀看起來像是車輪的形狀。繡線走向是從外緣朝向中心點聚集、呈放射螺旋狀。

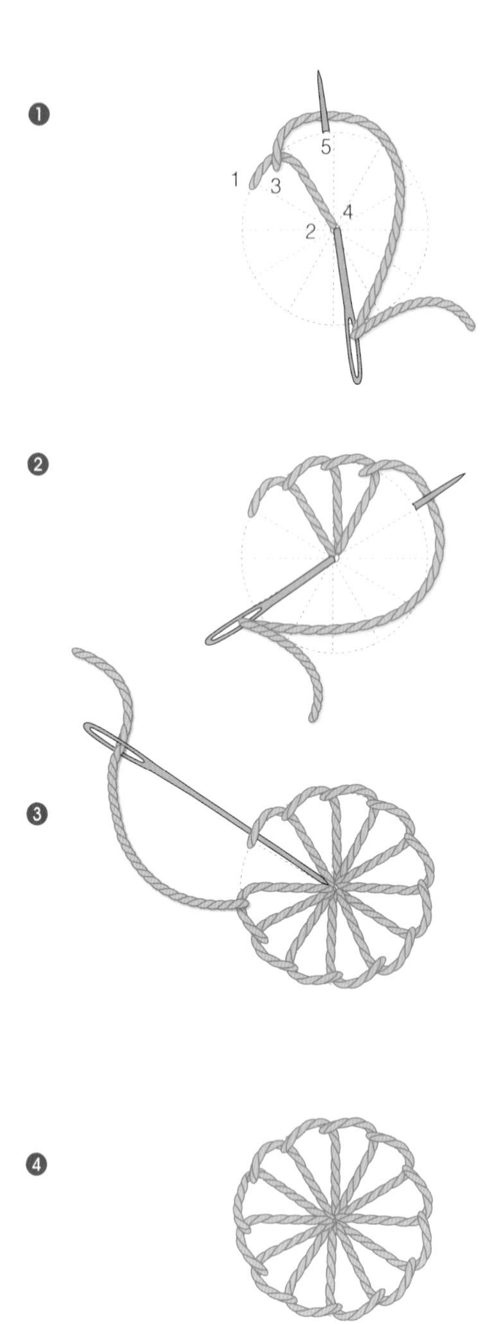

半輪狀釦眼繡
Half Circle Buttonhole Stitch

半輪狀釦眼繡是只繡出輪狀釦眼繡的一半，呈扇形。一般會連接在圖案側邊，或是用來呈現類似蕾絲質感的線條裝飾。

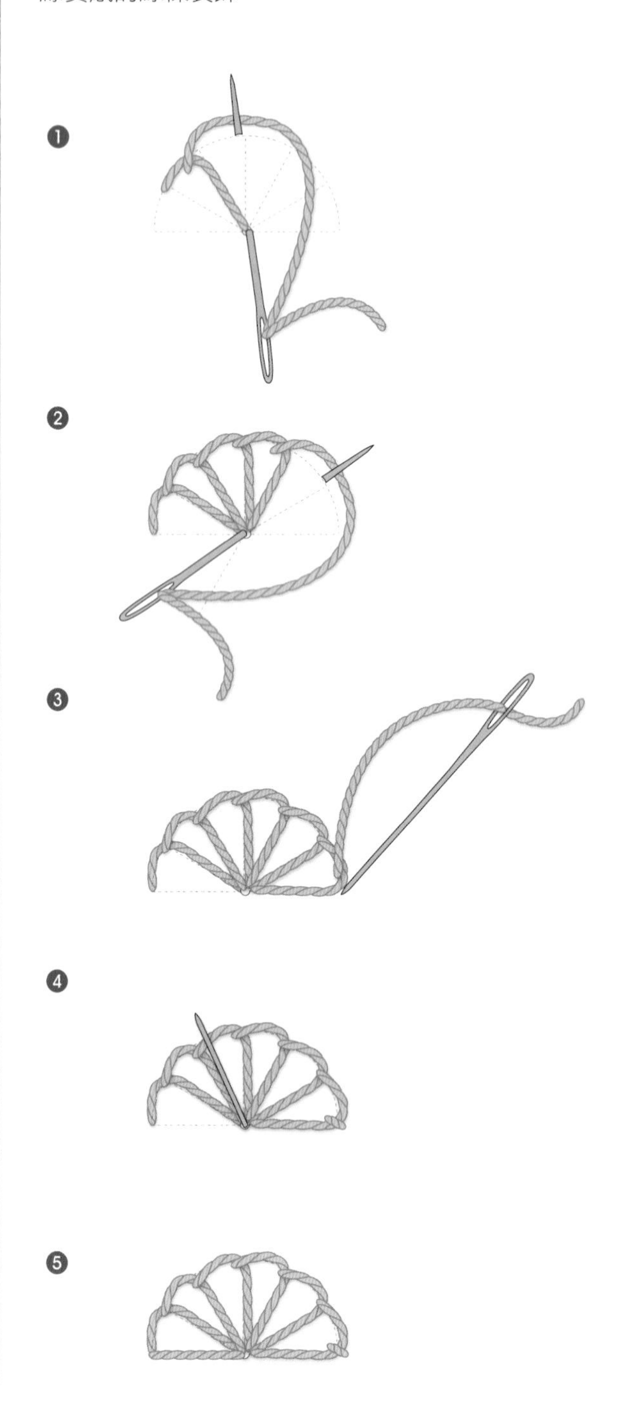

蛛網玫瑰繡

Spider Web Rose stitch

先繡出五或七個奇數線段作為基柱，將繡線用「一次從上面蓋過、一次從底下穿過」的方式，
以逆時針方向圍繞基柱，形成玫瑰般的造型。
圍繞時如果讓繡線寬鬆一點，就能呈現出更自然的花朵模樣。
蛛網玫瑰繡也會根據繡線粗細、不同質感，而演繹出多樣化的調性。

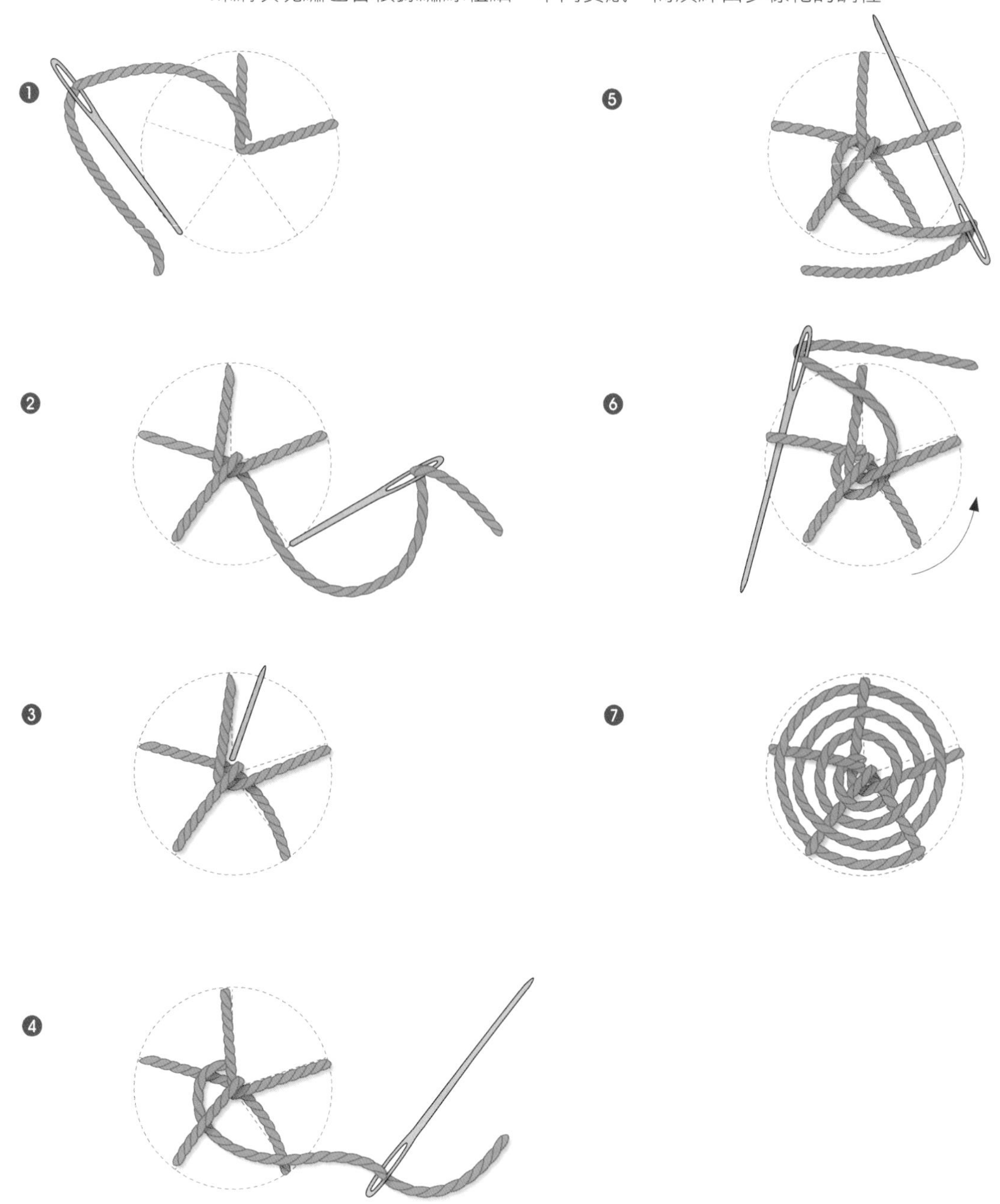

繞線蛛網繡

Whipped Spider Stitch

先繡出六或八個偶數線段作為基柱，讓繡線從兩條基柱線之間穿出後，往回壓過第一條線，再往前從底下穿過兩條基柱線，按此方法，依逆時針方向繞到最後即完成。此針法可以表現質感厚實的花朵。

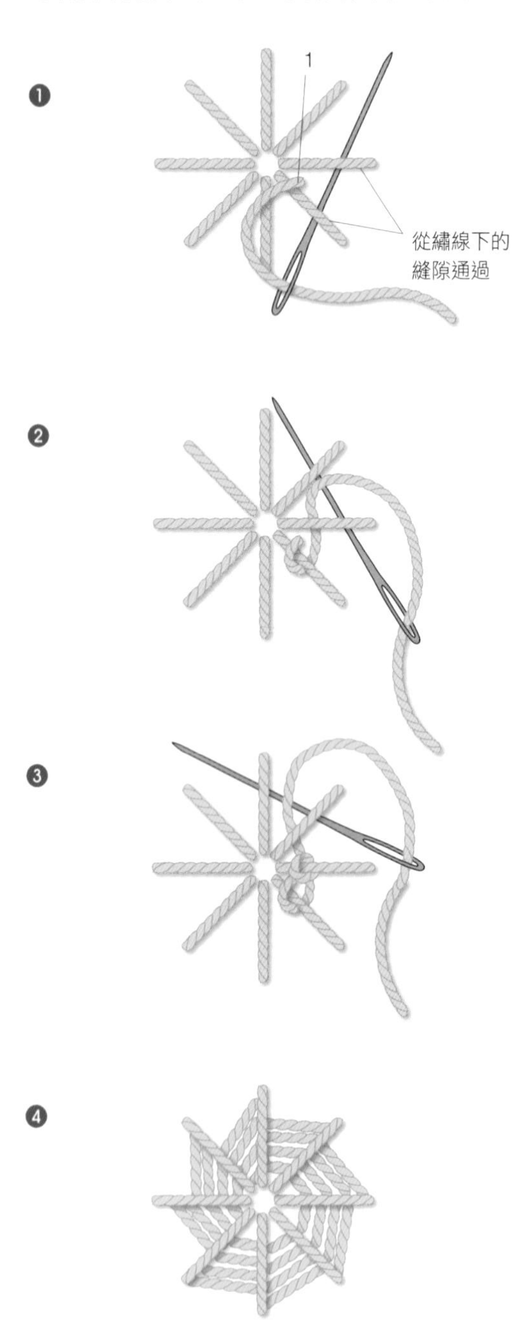

捲線繡

Bullion Stitch

將繡線繞捲在針上，形成一定長度，藉此呈現出帶有立體感的花朵或是玫瑰圖案。隨著繡針粗細的不同，繡出來的分量感和層次感也會不同。使用捲線繡專用針，可以更輕鬆地完成這個針法。

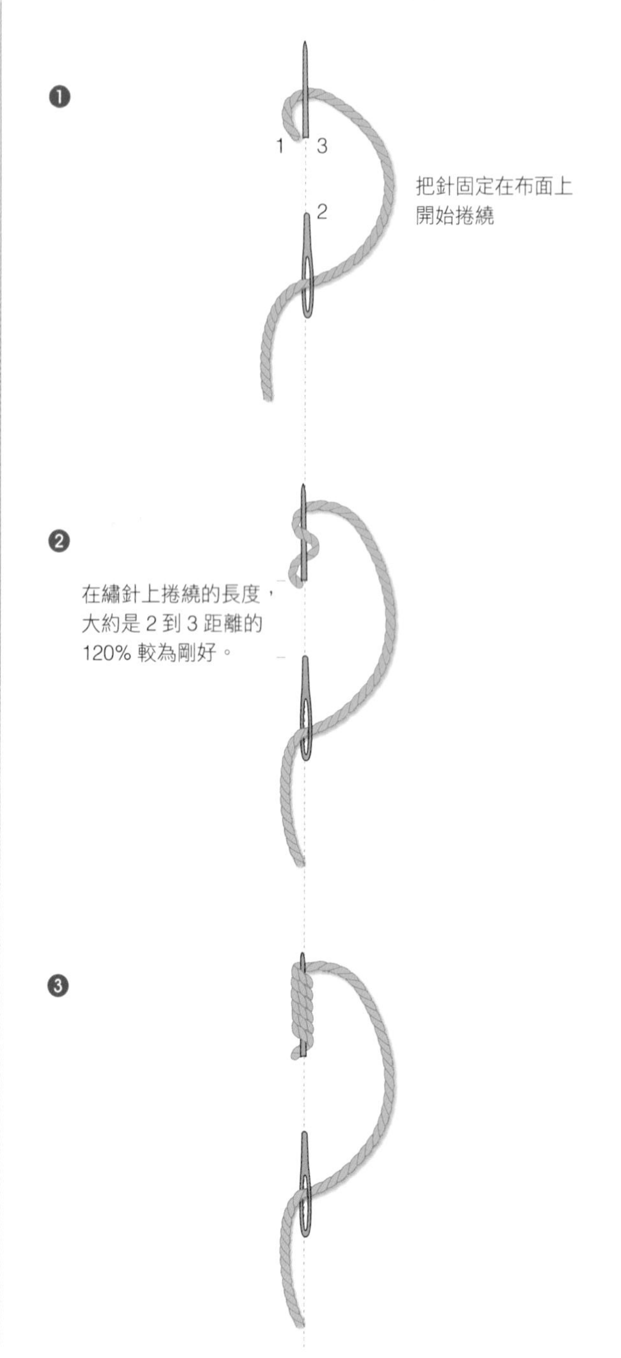

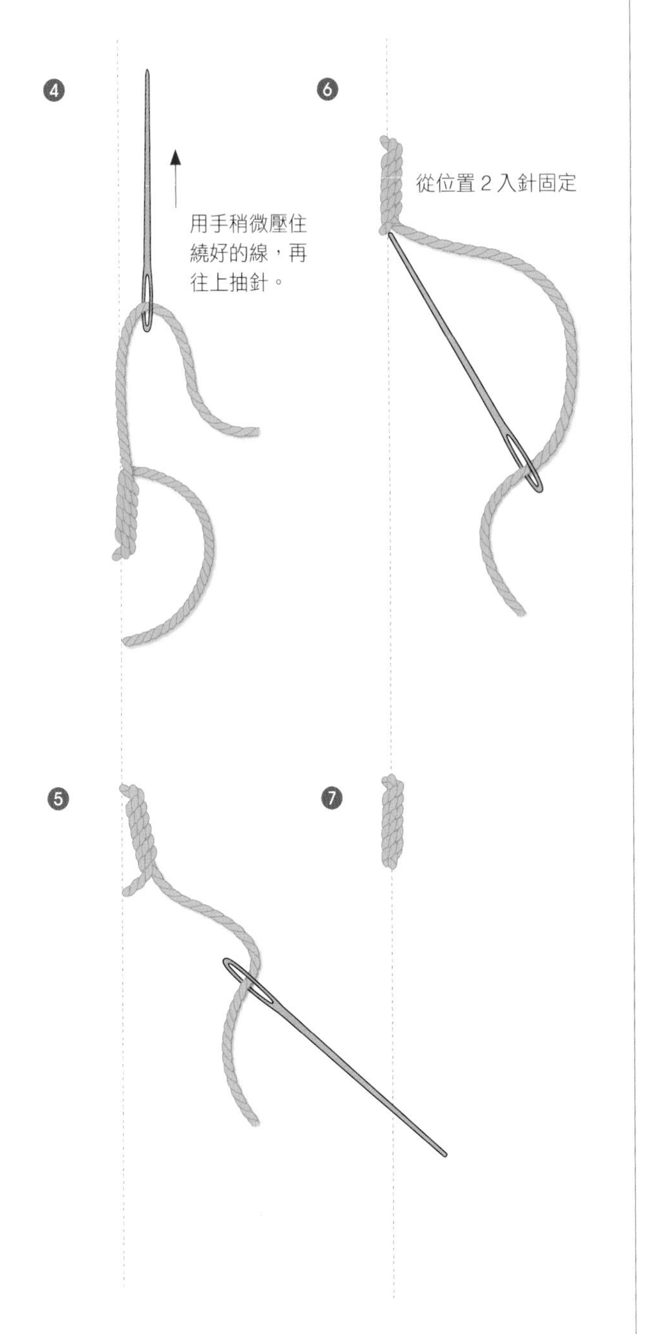

捲線結粒繡
Bullion Knot Stitch

這是捲線繡的應用型，將捲繞的線弄成圓形固定。
一般用來製作小巧的繩結，或是呈現立體的小花。

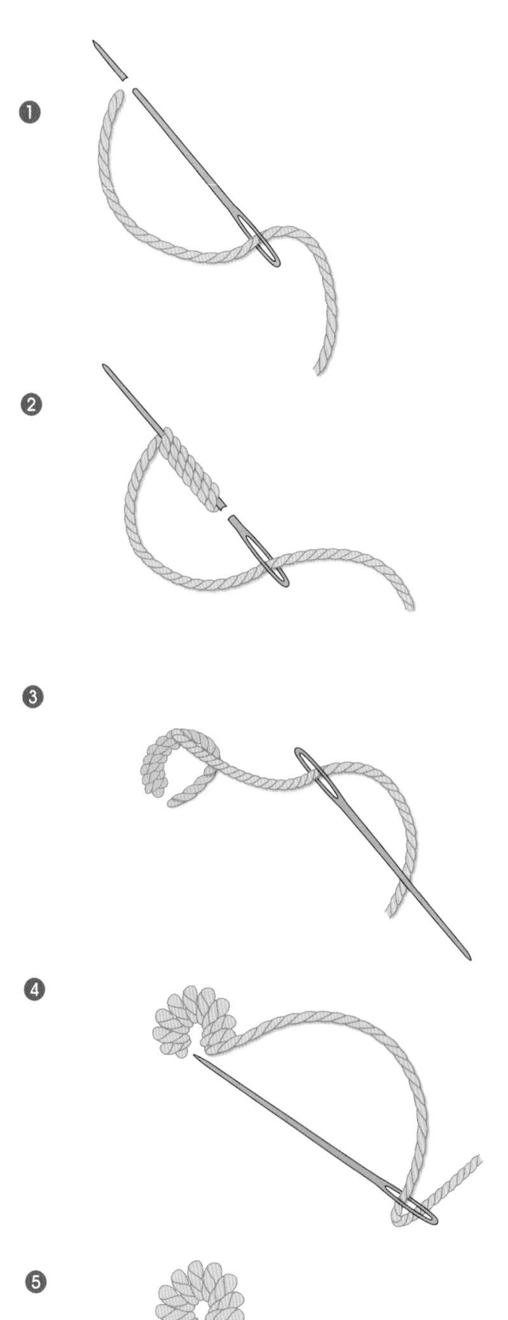

捲線雛菊繡

Bullion Daisy Stitch

這是將捲線繡結合雛菊繡的針法。
繞線的長度至少要是捲線結粒繡的 2 倍，
做出更大的捲線圓圈後，在圓圈頂端繡一個小圈固定，
也可以不要固定，讓圓圈自然浮在繡布上。

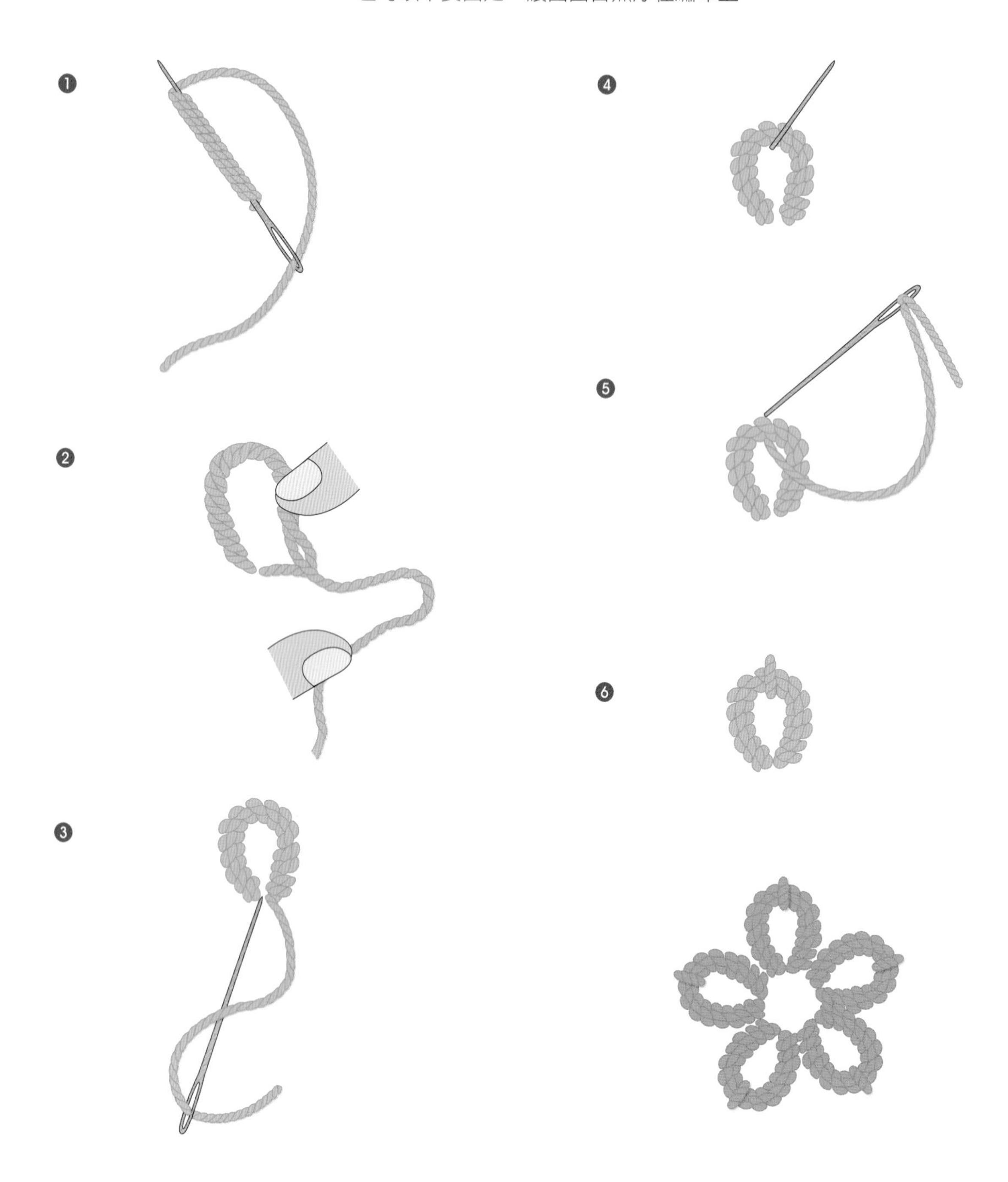

捲線玫瑰繡

Bullion Rose Stitch

此針法可以繡出帶有自然曲線的玫瑰花。在繞線的時候，
要比一般捲線繡的圈數多 1.3 倍，這樣就可以製造微微自然捲曲的模樣。
依序做出數個捲線繡，從內到外塑造出玫瑰般的形狀即完成。

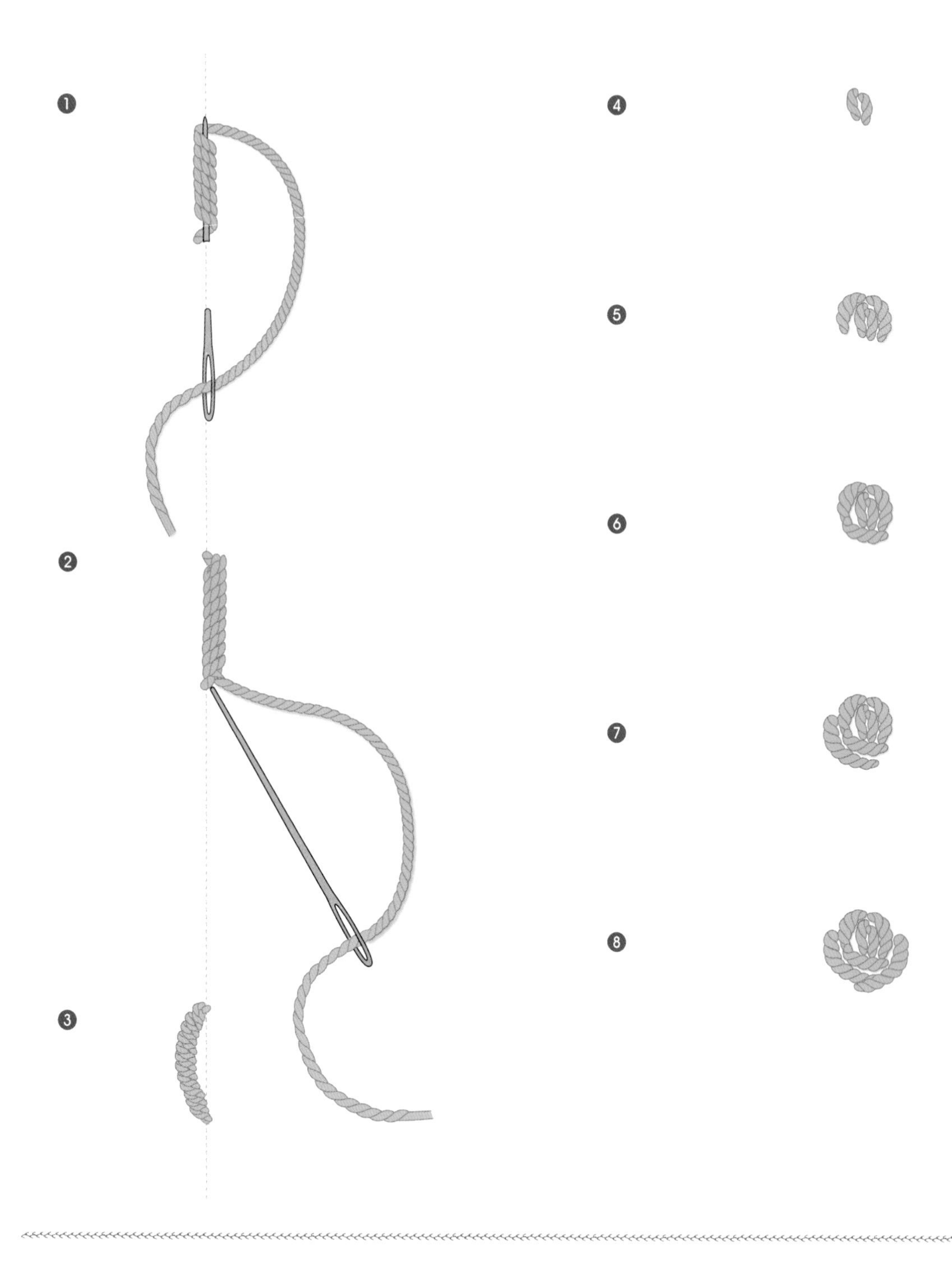

纏繞花形繡

Roll Flower Stitch

和捲線繡的作法相似，將繡線一圈圈繞在棍子上，即可做出一朵圓圓的花。
一般會用來呈現比較厚實的花瓣或棉花。如果使用羊毛繡線，可以營造更蓬鬆的質感。

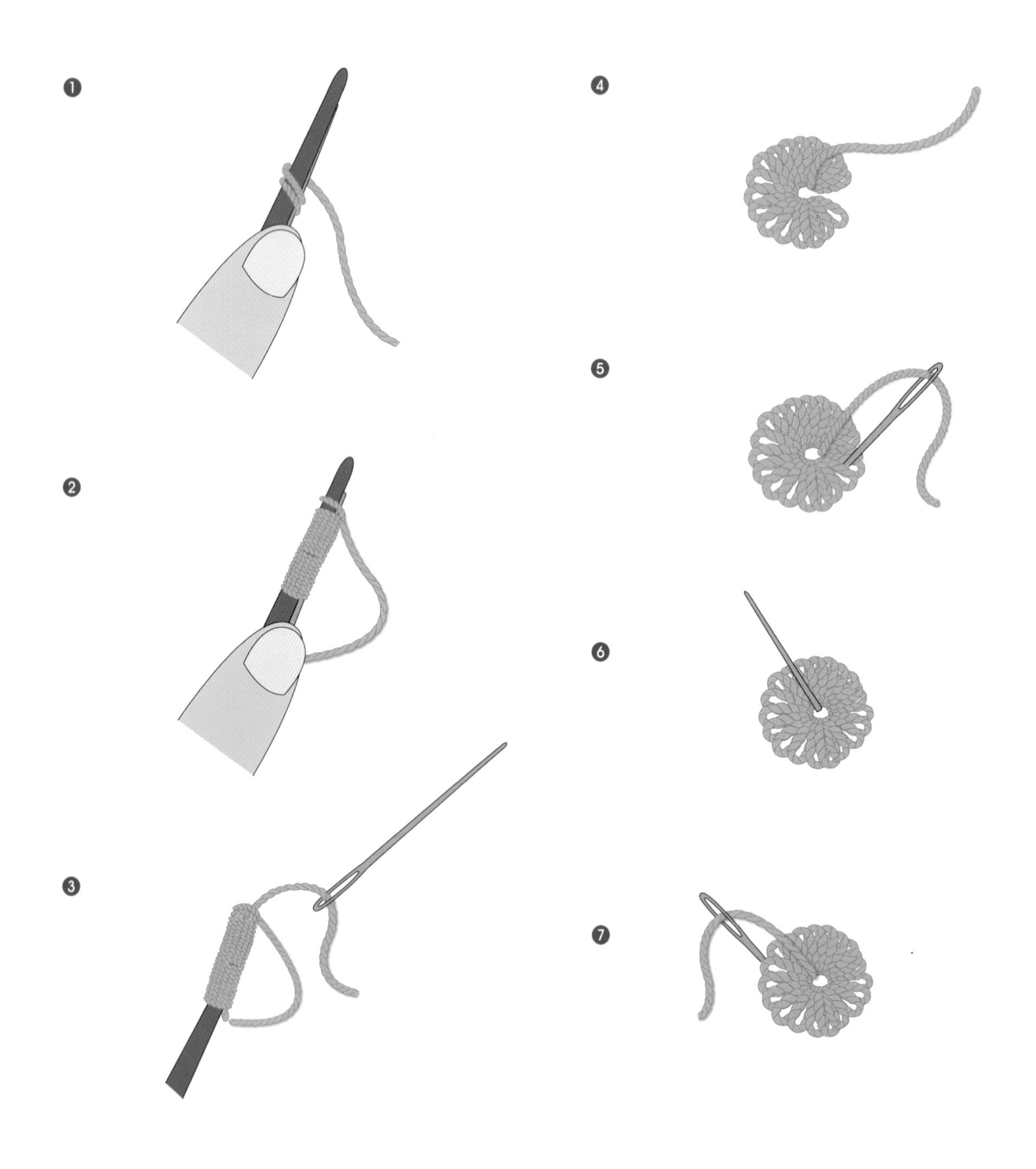

立體莖幹蛛網繡
Raised Stem Spider Web Stitch

先繡出六個線段作為基柱，讓繡針從兩條基柱線之間穿出，把繡針按逆時針方向繞過前一格的基柱線再反向折回，然後抽出繡針繼續往下一格移動，不斷反覆即完成。

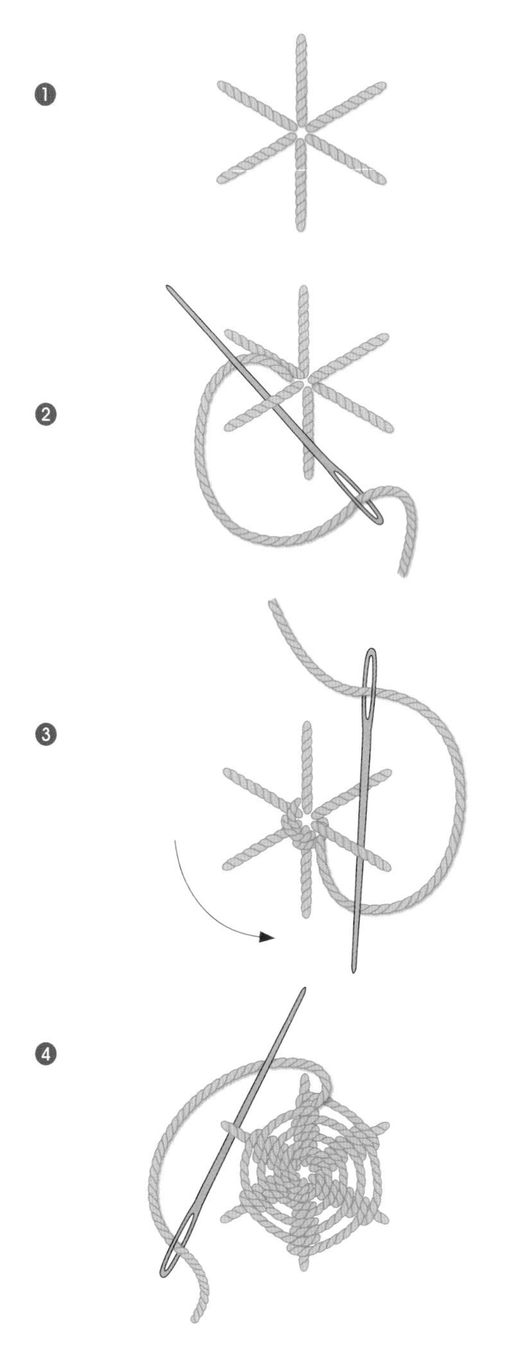

莖幹玫瑰繡
Stem Rose Stitch

這是表現玫瑰圖案的針法之一，先在中心完成法國結粒繡之後，使用輪廓繡一圈圈自然地圍繞結粒繡。繡輪廓繡時，讓繡線稍微鬆一點，就可以構成更自然的花朵造型。

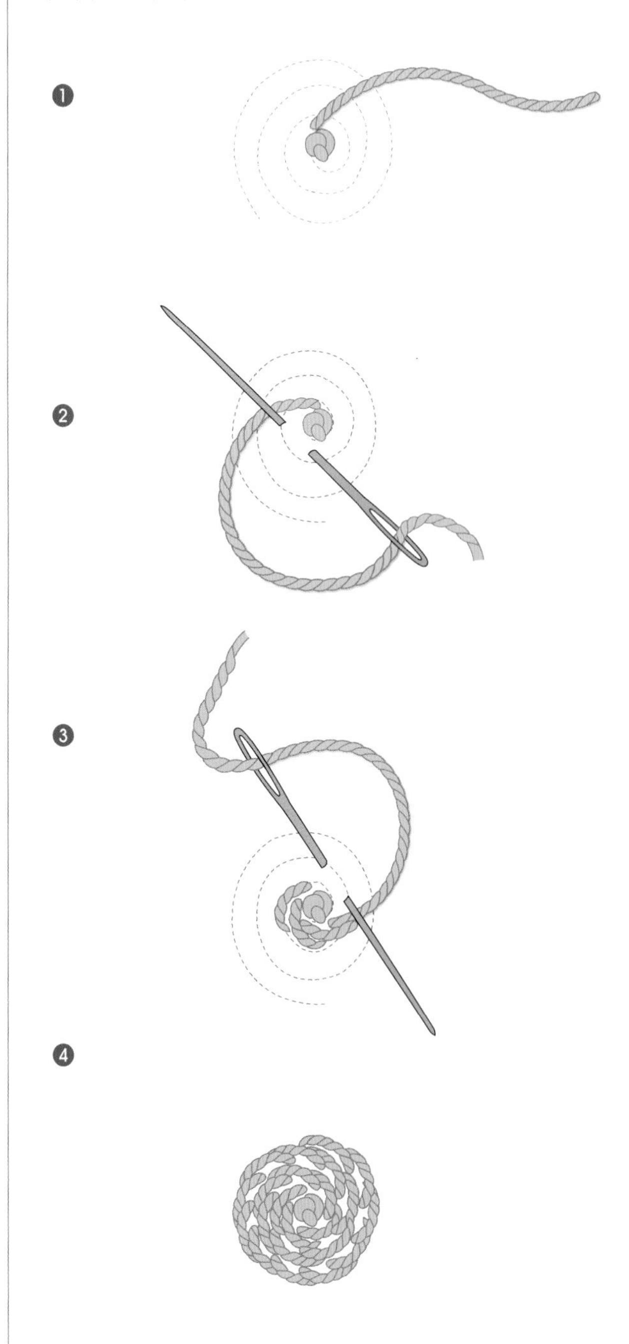

直針玫瑰繡
Rambler Rose Stitch

運用直針繡，繡出三角形、五角形、多邊形，並讓每一層的邊角稍微交疊在一起，越到外層、線段就越長，每一線段的角度一點一點地改變，這樣重複交疊到最後就可以呈現出玫瑰造型。

❸

❹

玫瑰花形繡
Rosette Rose Stitch

將繡針固定在繡布上，接著把繡線按照順時針方向，緊靠著針與繡布的交界處反覆繞圈，繞到想要的厚度為止再把針抽出，最後分別在線圈上下各繡一個小圈固定即完成。

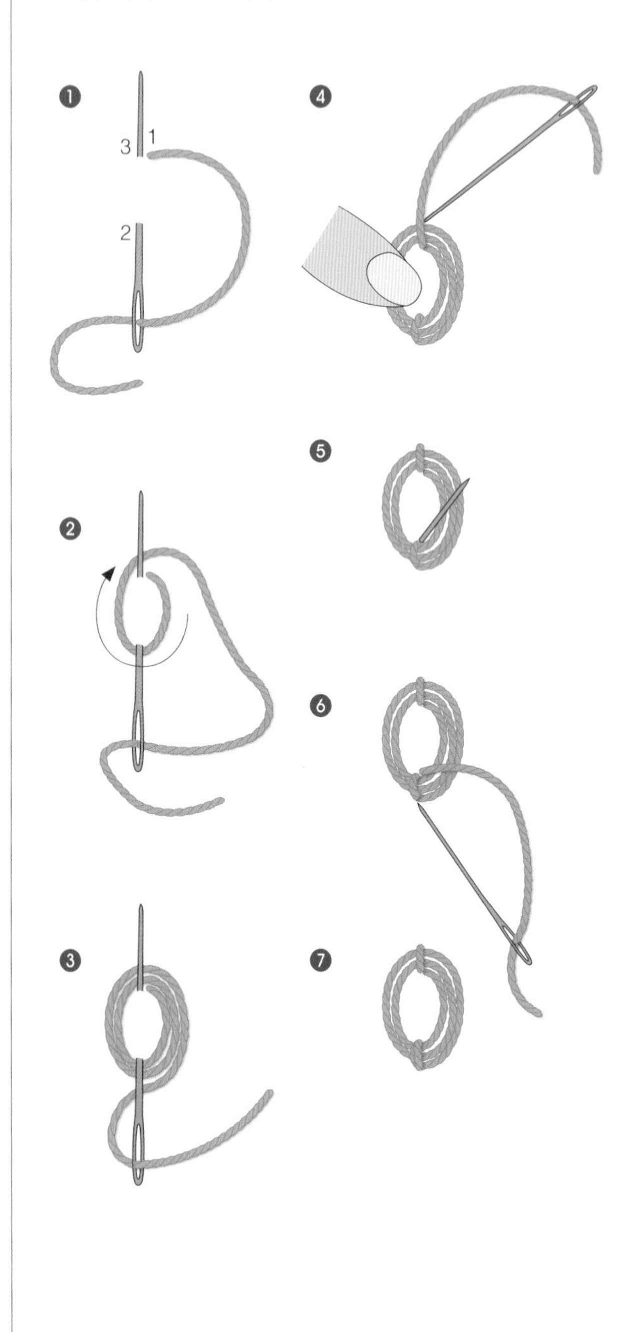

車輪繡

Wheel Stitch

先繡出好幾條直線作為基柱，讓繡針從最上面右邊第一條的內側穿出，
接著往回繞、穿過第一條與第二條的下方，用同樣方法依序繞捲至左邊最後一條線，
等到第一排繞完後，再把繡針穿到繡布後面，
從右邊第二排的位置穿出並開始繞線，最後繞完所有線段即完成。

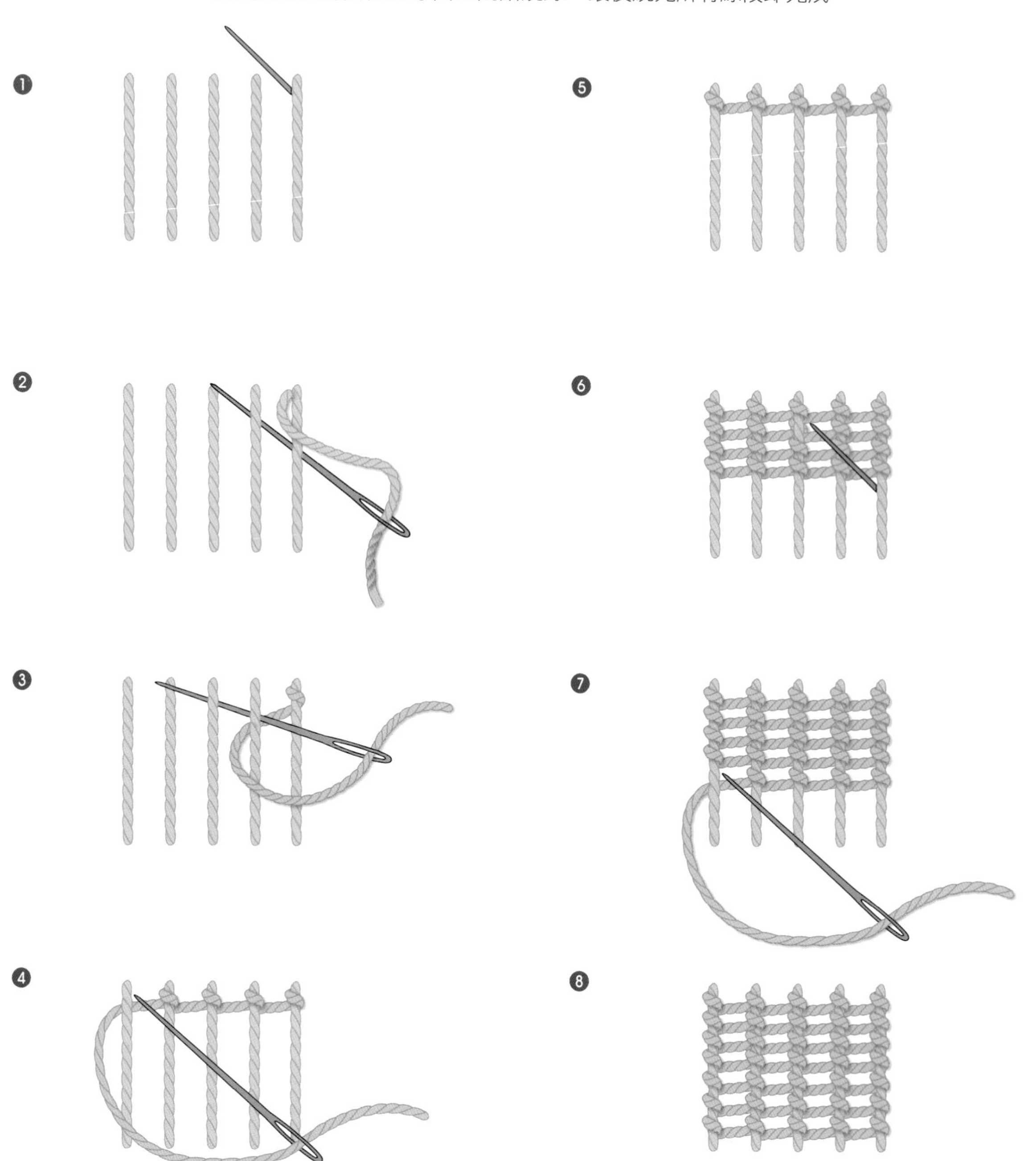

髮辮繡
Braid Stitch

此針法又稱為「纜繩編織繡（Cable Plait Stitch）」，可呈現帶有厚實感的線條、蕾絲質感的立體圖樣。如圖❶❷用繡線在針上繞圈，把針穿入2、3位置，再將繡線繞至針的下方後，拉直繡線、將針抽出即可。需要注意不要將繡線拉得太緊。

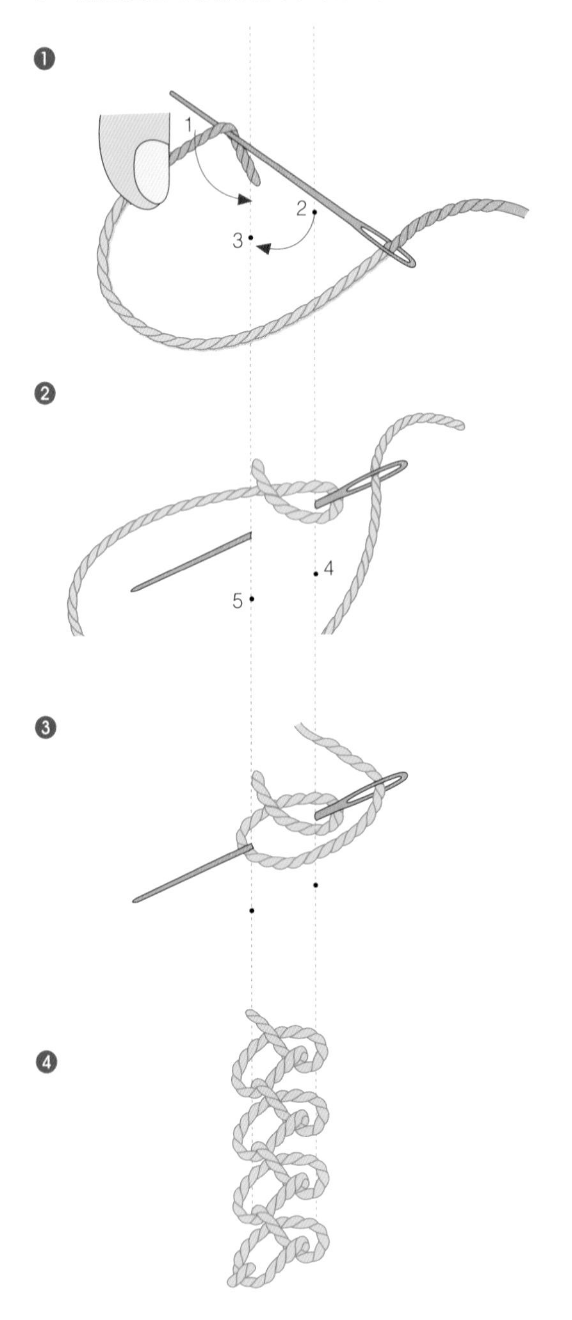

玫瑰花形鎖鏈繡
Rosette Chain Stitch

這個針法技巧意指「玫瑰花造型的裝飾」。除了繡成條狀（圖❺），也可以旋轉一圈繞成圓形（圖❻）。需注意繡線不要拉太緊，形狀才會漂亮。

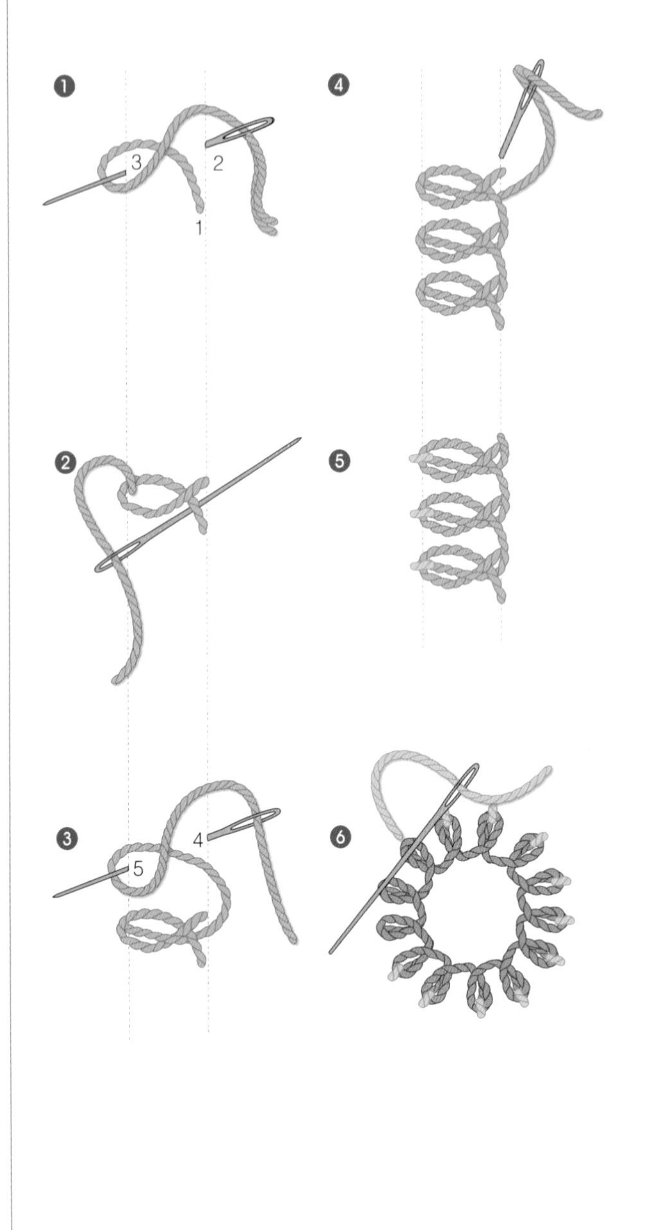

魚骨繡
Fishbone Stitch

把針輪流在上下兩邊以水平方向穿過，同時逐漸繡出葉片造型的圖案。
這個針法一般會用來填滿面積較大的葉片，是一種帶有厚實感的刺繡技巧。

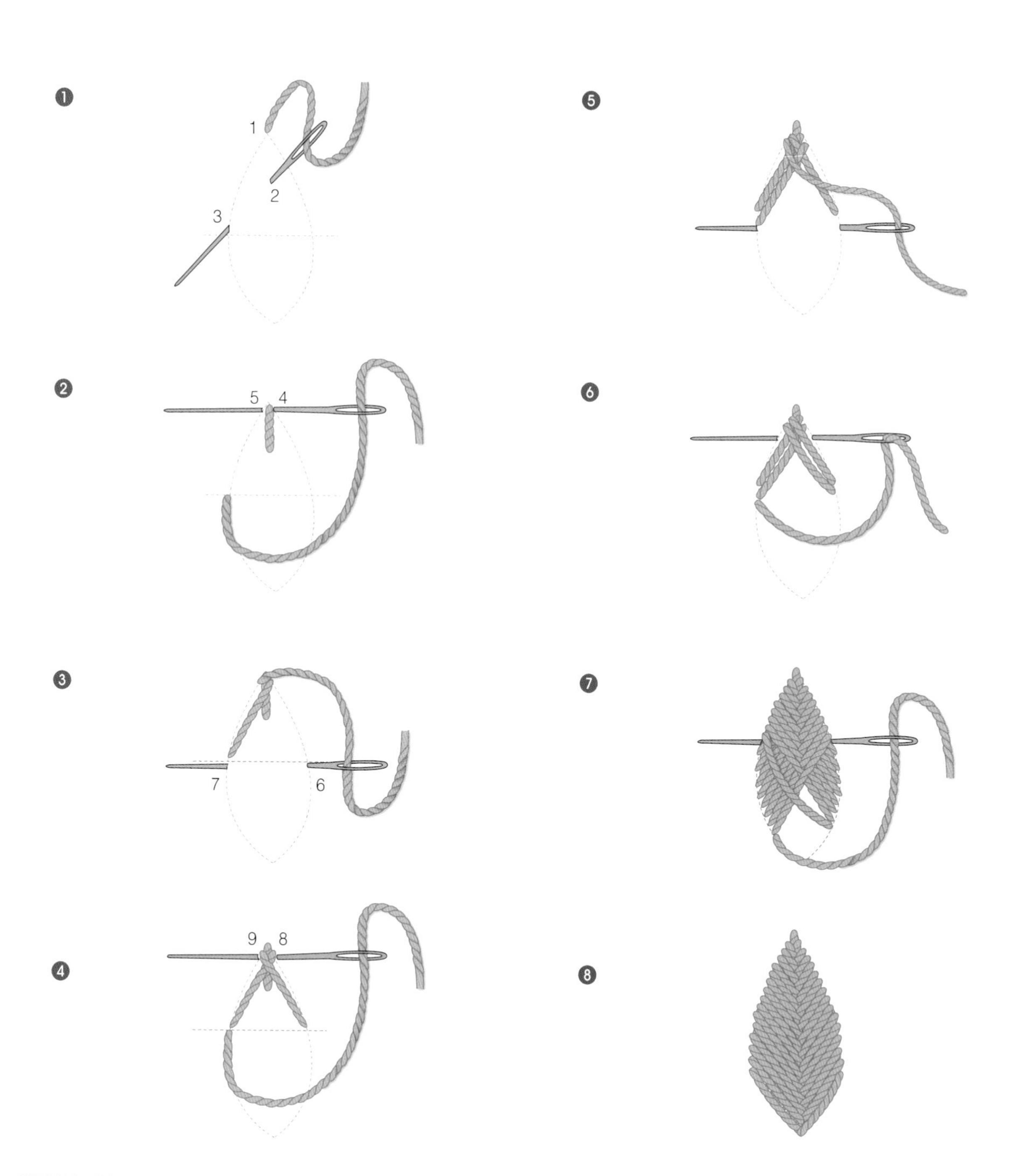

葉形繡
Leaf Stitch

葉形繡是飛鳥繡的應用型，只是繡出來的每個線段角度更直，在向下延伸填滿繡面的時候，線段之間的間隔也更緊密。其特色在於繡出美麗葉片的同時可以呈現出葉脈的紋路。

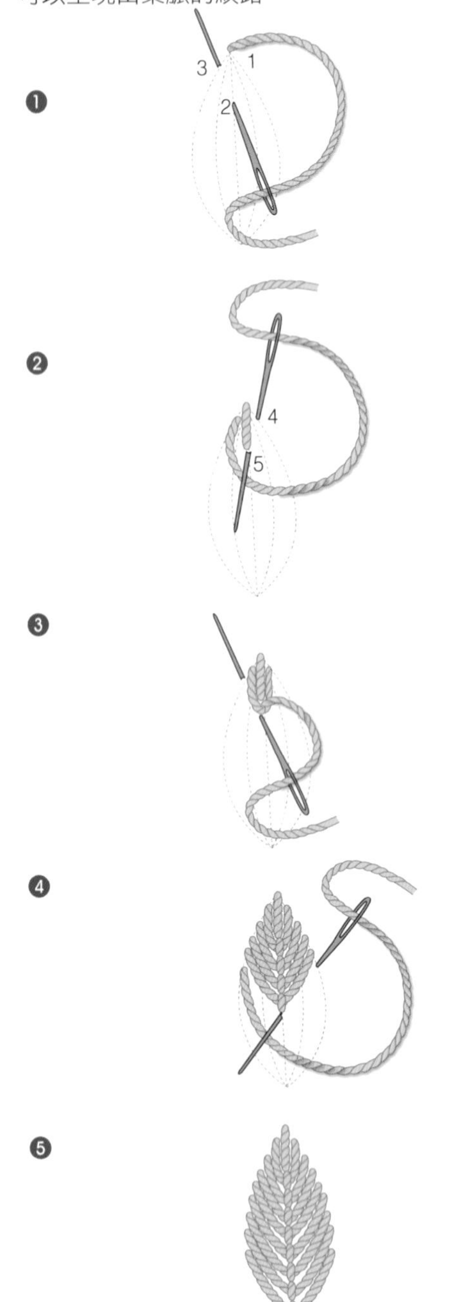

平面繡
Flat Stitch

先像畫圖一樣畫出引導線之後，抓好角度、把繡針從內側往外側，用繡緞面繡的感覺，輪流向左、右交錯填滿繡面就完成了。

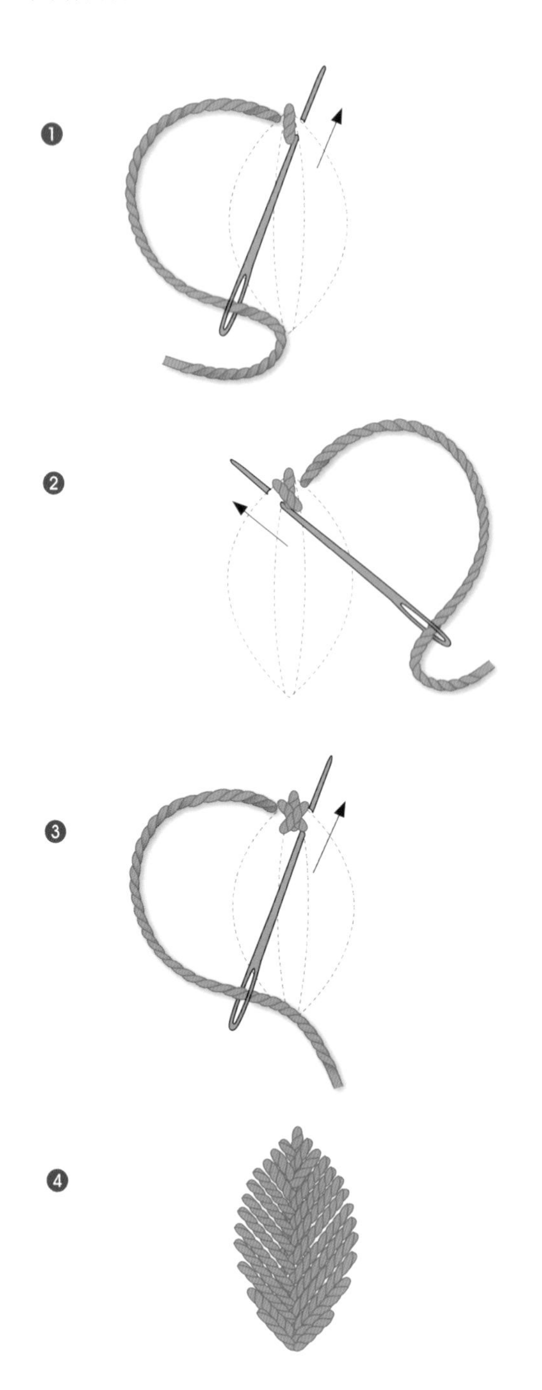

克里特繡
Cretan Stitch

克里特繡是羽毛繡的應用型，一般用來呈現葉片圖案，或是用來緊密填滿面積比較寬的線條。

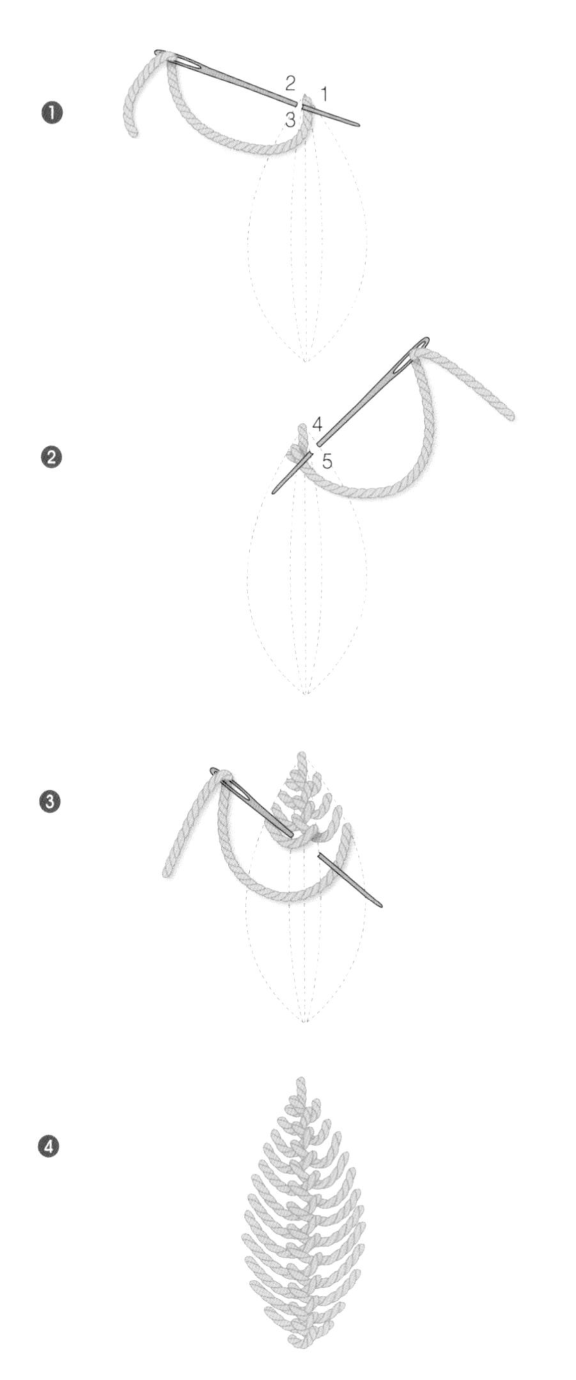

人字繡
Herringbone Stitch

這個針法經常用來裝飾繡布的邊緣，繡在洋裝或是襯衫下擺也都非常漂亮。用繡針輪流在上排和下排以水平方向穿過繡布，即可做出「人」字圖樣。

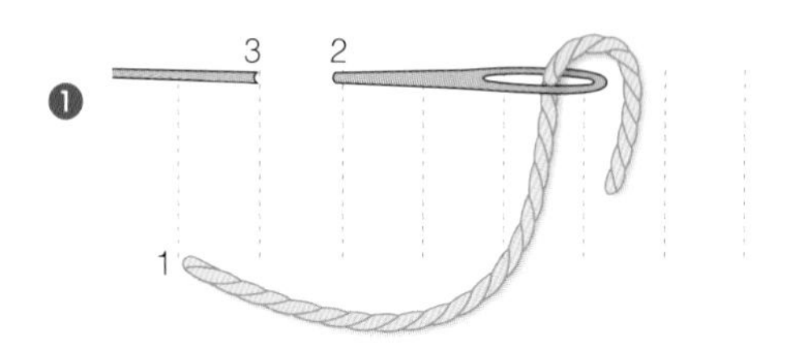

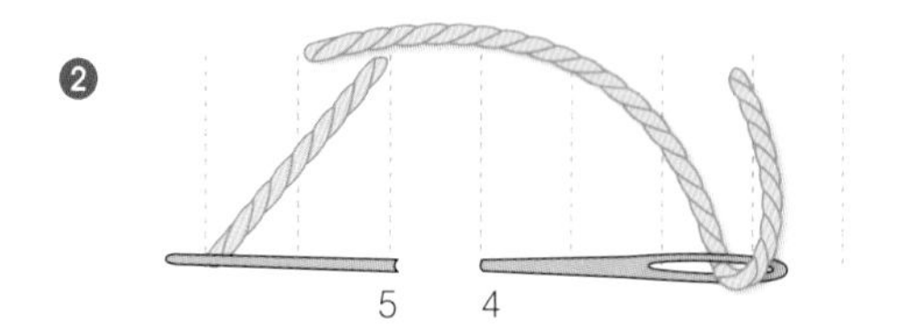

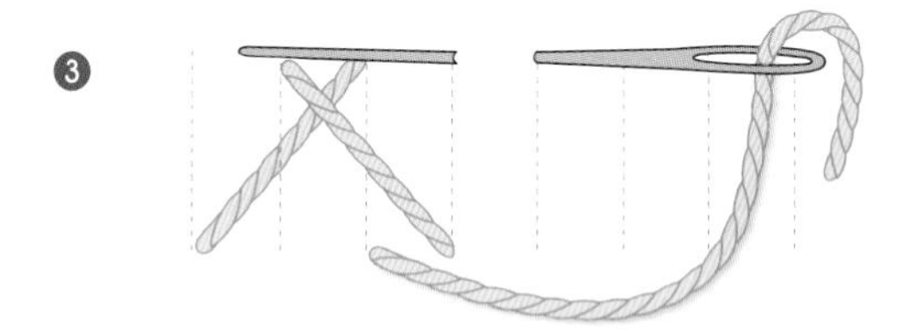

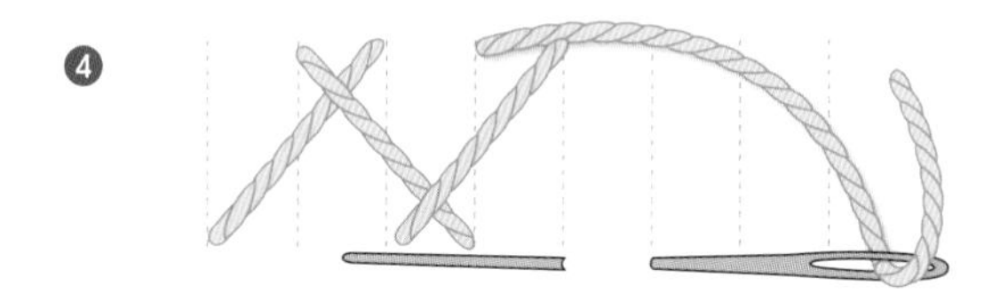

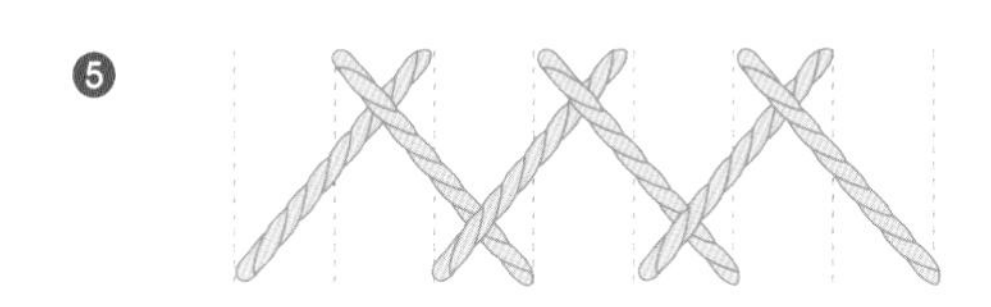

雙層人字繡
Double Herringbone Stitch

雙層人字繡是由兩層人字繡交疊而成的針法。先完成人字繡之後，再用另一個顏色的繡線，將第二層的人字繡繡在第一層的間隔上。

❶

❷

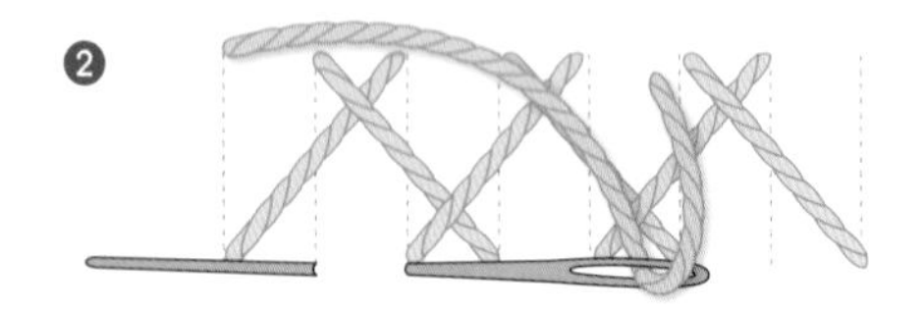

❸

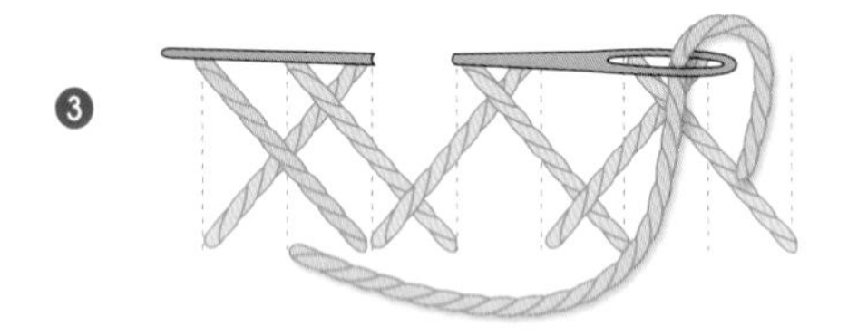

❹

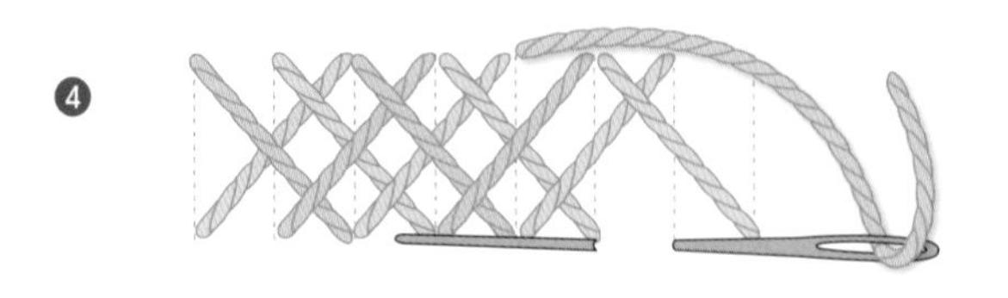

❺

山形繡
Chevron Stitch

和人字繡一樣，山形繡經常用來裝飾繡布的邊緣。造型就像是用短橫線擋在 V 字形圖案邊緣一樣。

❶

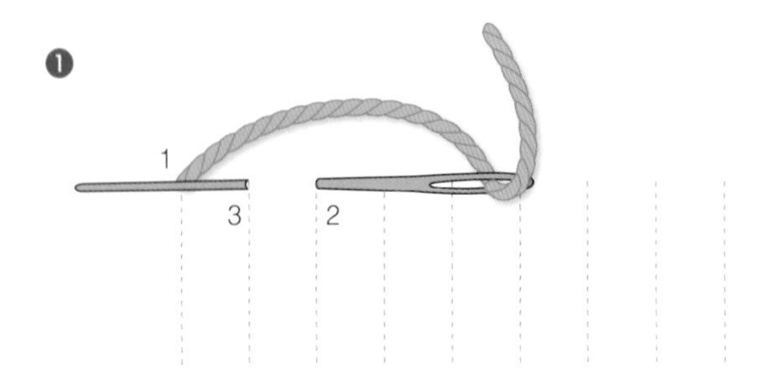

❷

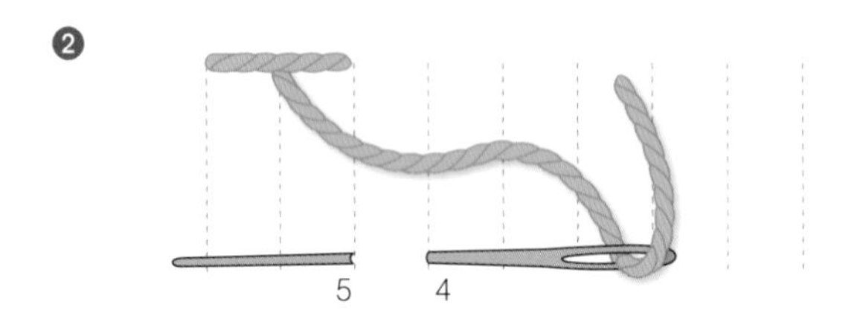

❸

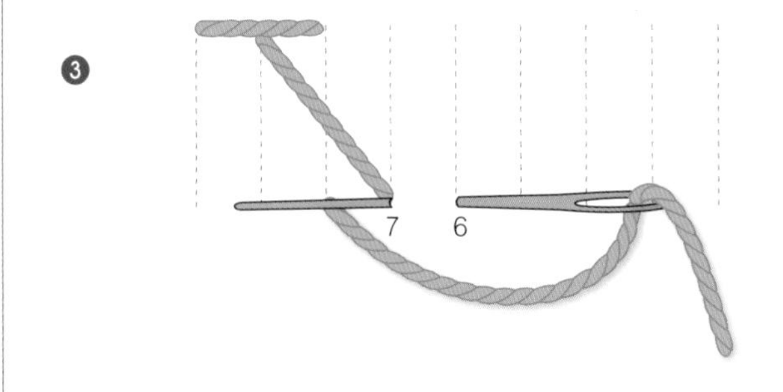

❹

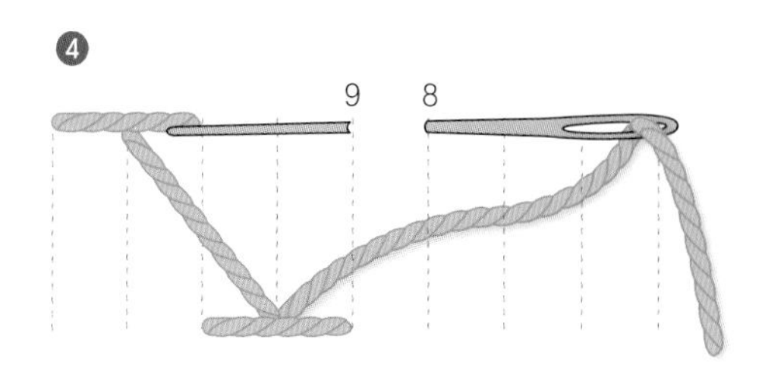

❺

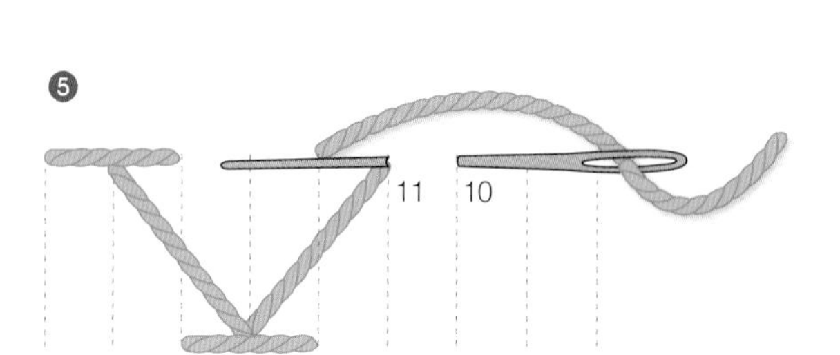

❻

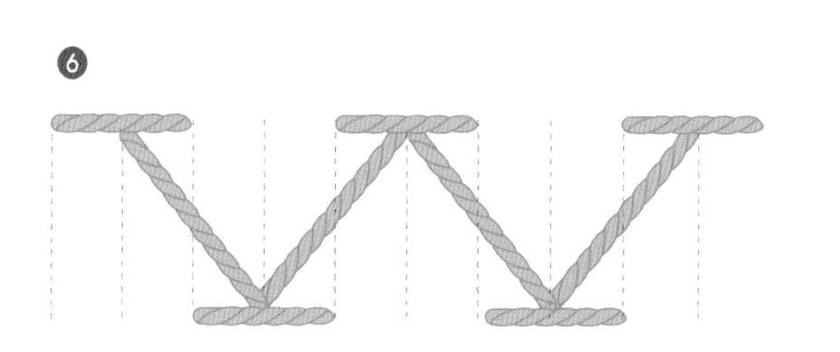

雙層山形繡
Double Chevron Stitch

雙層山形繡是由兩層山形繡交疊而成的針法。先完成山形繡之後，再用另一個顏色的繡線，將第二層山形繡繡在第一層的間隔上，營造出不同的氛圍。

❶

❷

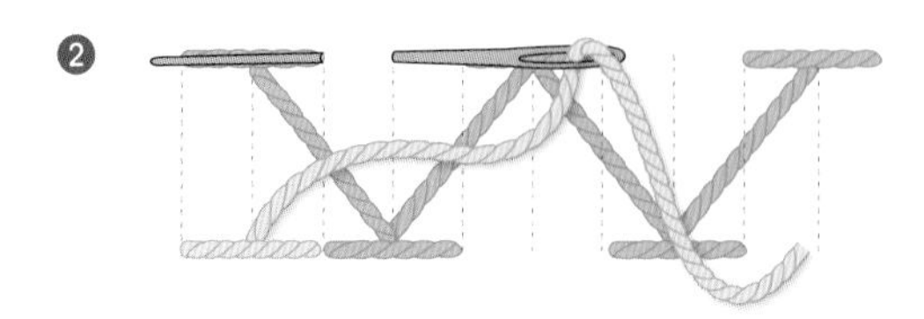

❸

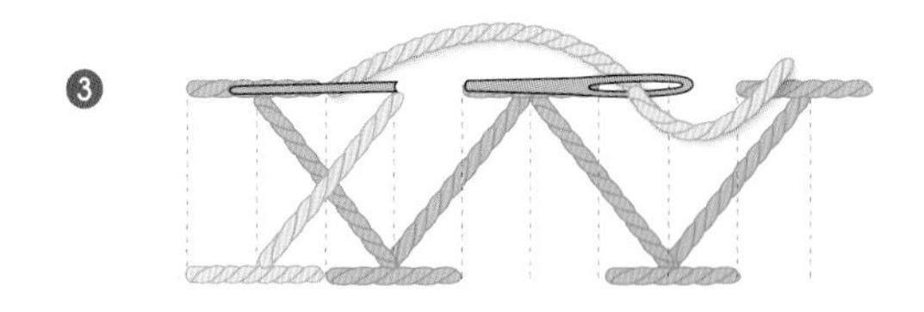

❹

❺

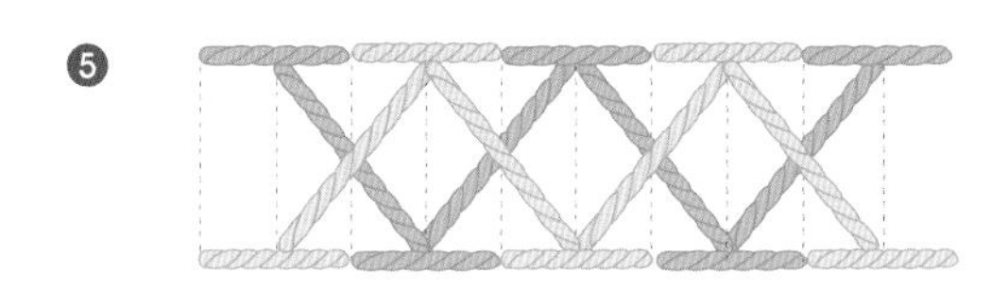

珊瑚繡
Coral Stitch

珊瑚繡是一種繩結型態的線條針法。刺繡方向是由左到右。先把繡針垂直地固定在繡布上，然後用繡線在繡針前端繞一圈、再抽出繡針，重複相同的步驟即完成。

❶

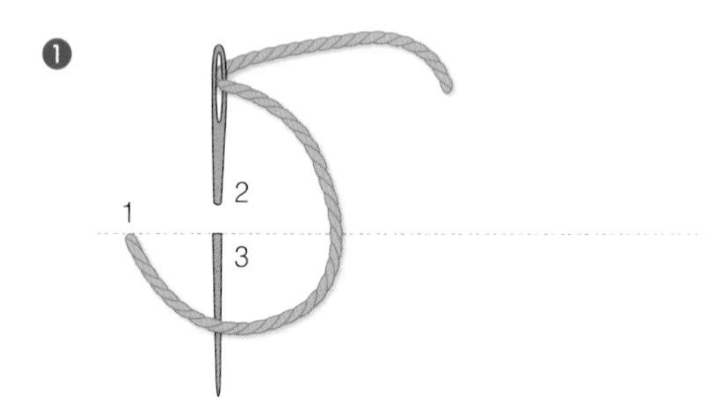

❷

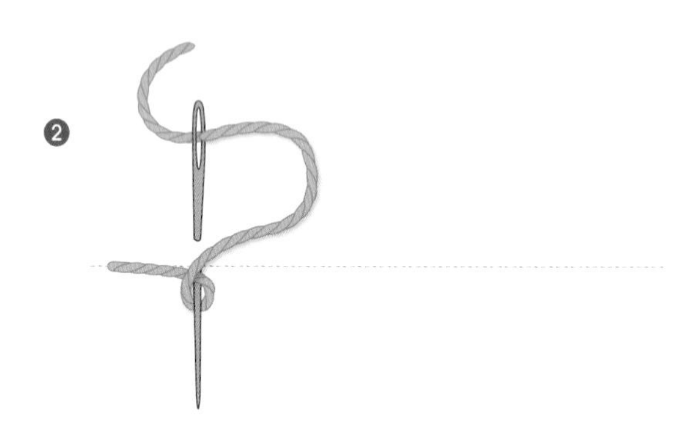

❸

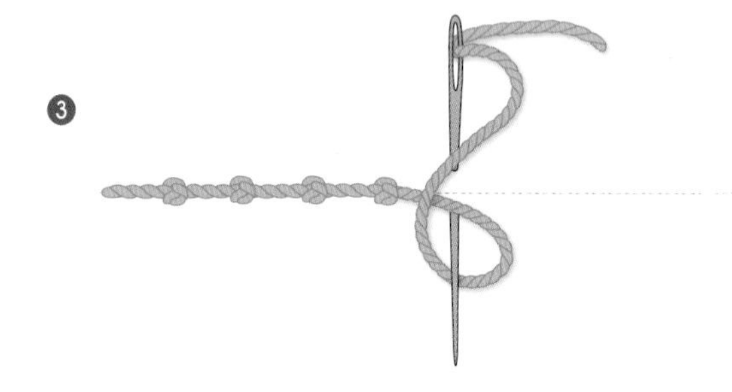

漩渦繡
Scroll Stitch

乍看之下，其造型、技巧和珊瑚繡很類似，不過漩渦繡的繡線是先被壓在繡針後面，然後繞到繡針前端呈現Ｓ形，再抽針，最後繡出波浪紋路。儘管是一種線條針法，但也經常被用來呈現波浪捲髮、樹木、羊毛等填充繡面的用途上。

❶

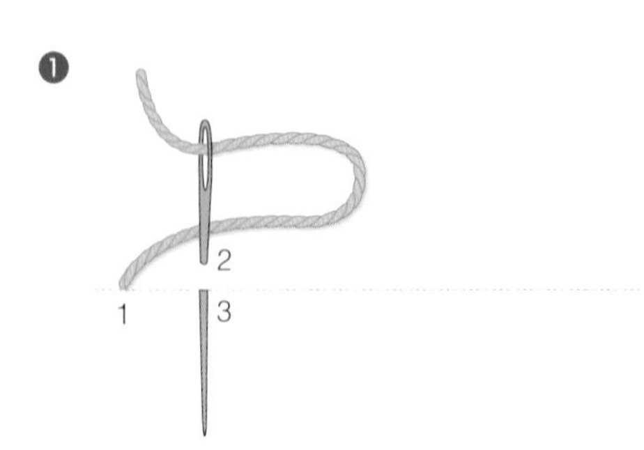

❷

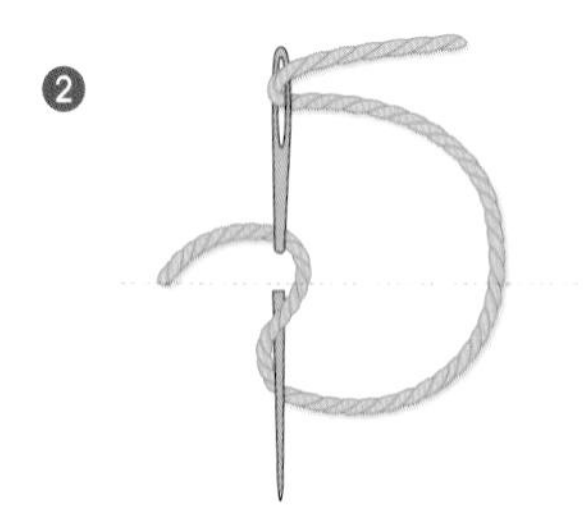

❸

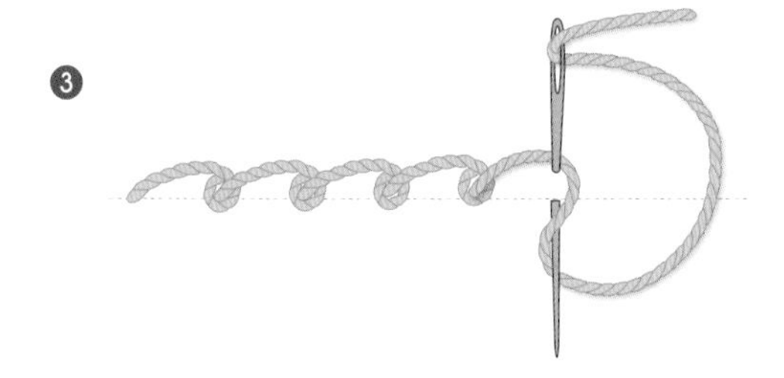

捆線繡
Bundle Stitch / Sheaf Stitch

先完成垂直的三個直針繡後，從線段中間穿出繡針，然後繞一圈把三個線段綁在一起，呈現出像是蝴蝶結的造型。隨著大小或排列方式的不同，可以用來表現各式各樣的氛圍。

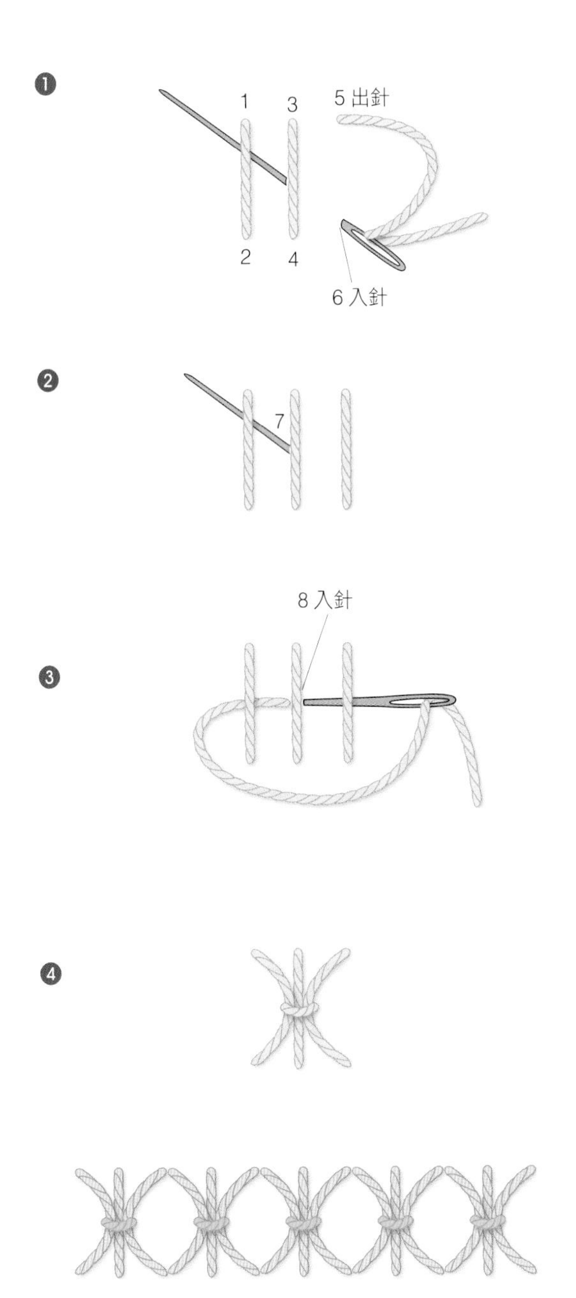

纏繞繡
Roll Stitch

先繡出兩個相鄰的線段作為基柱之後，用繡線不斷環繞這兩條基柱線，呈現出具有立體感的線條。又稱為「滾線繡（Overcast Stitch）」。

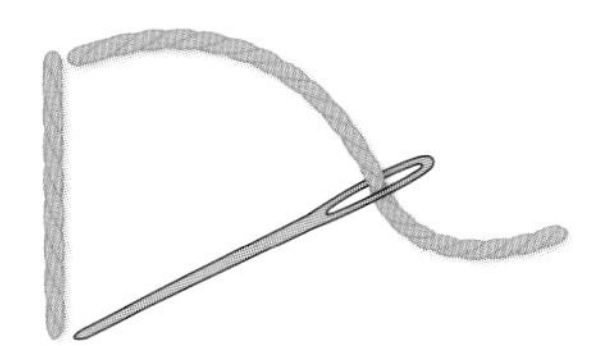

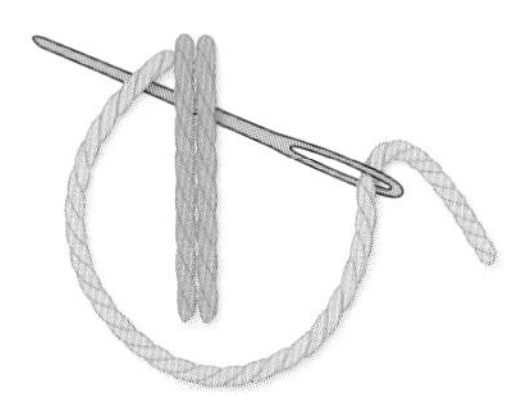

❹

結繩繡

Rope Stitch

這是一種形狀像是粗繩的立體線條刺繡方法。
在往下延伸時，繡針刺入繡布的針眼必須非常緊密，繡出來的線條才會整齊俐落。

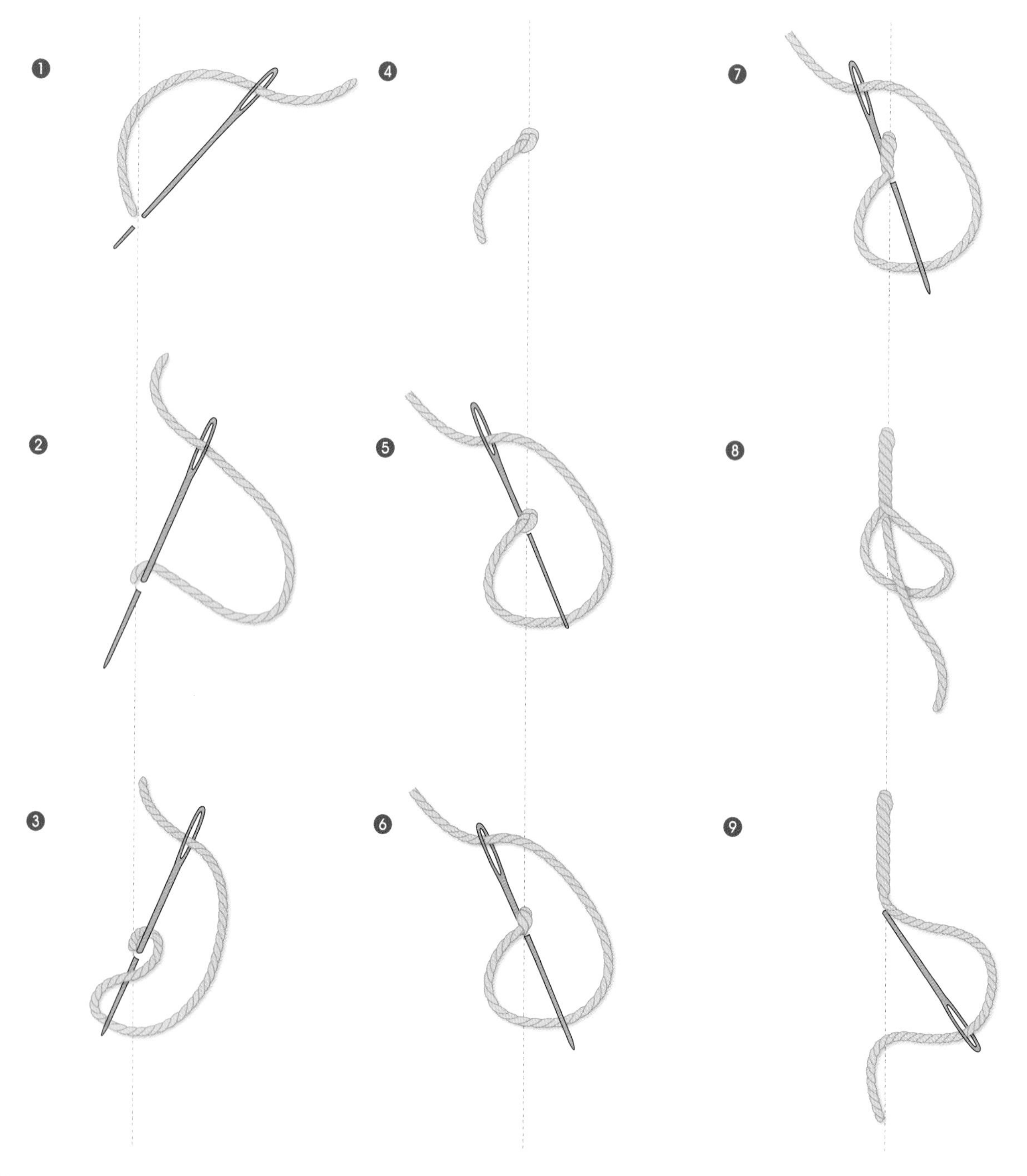

釘線格架繡

Couched Trellis Stitch

這是一種網格狀的針法，先繡出水平線，再繡出垂直線，
接著在橫線和直線交錯的交點，用不同顏色的繡線加以固定即完成。
固定處可以使用單向斜線，也可以使用雙向的交叉線。

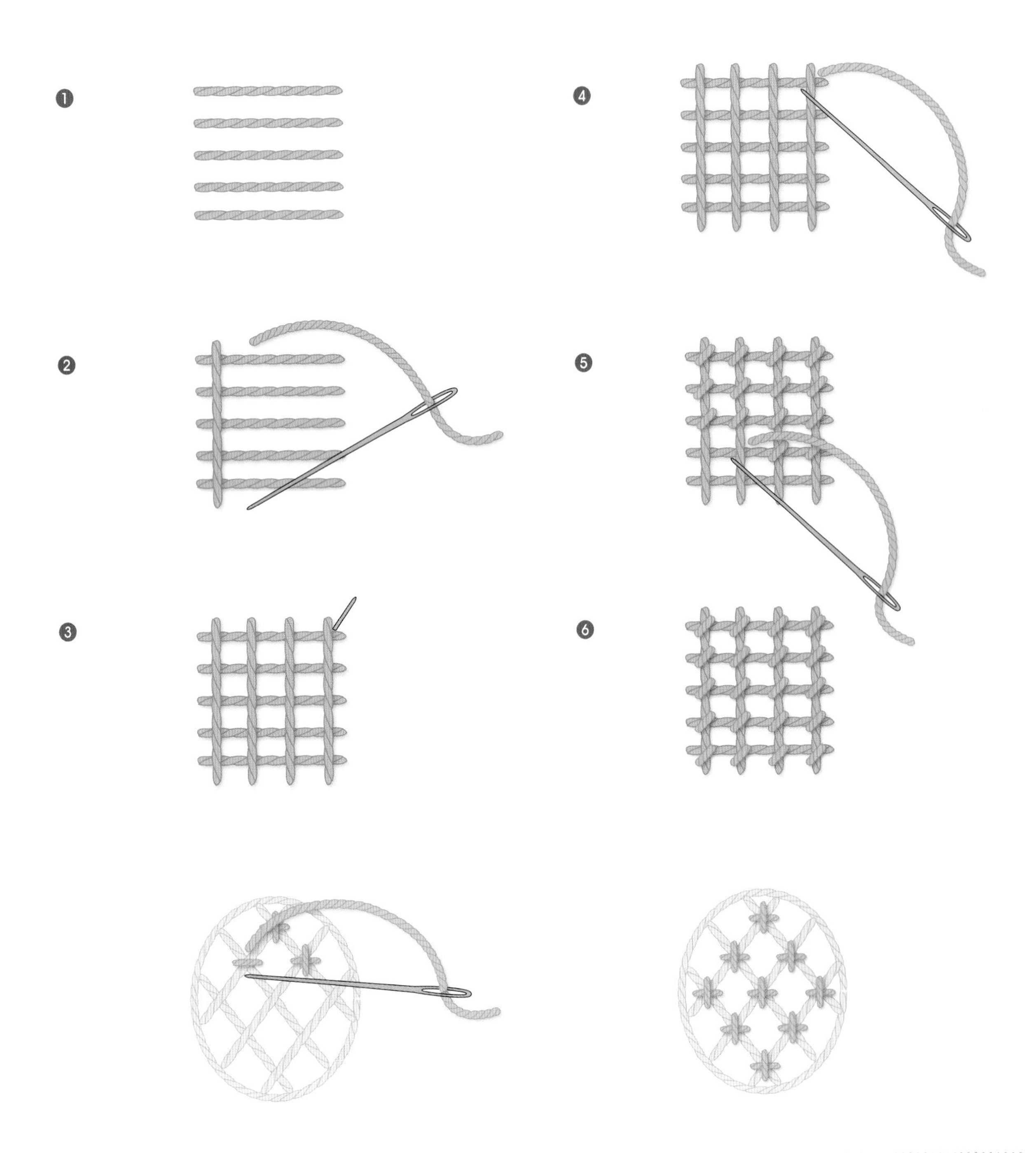

籃網繡
Basket Stitch

這是非常具代表性的刺繡針法。先以等間隔繡出數條垂直線後，把繡針按照「一條線在上、一條線在下」的原則，以水平方向穿過線段。偶數排的編織順序會和奇數排相反，原理如同編織籃子的概念。

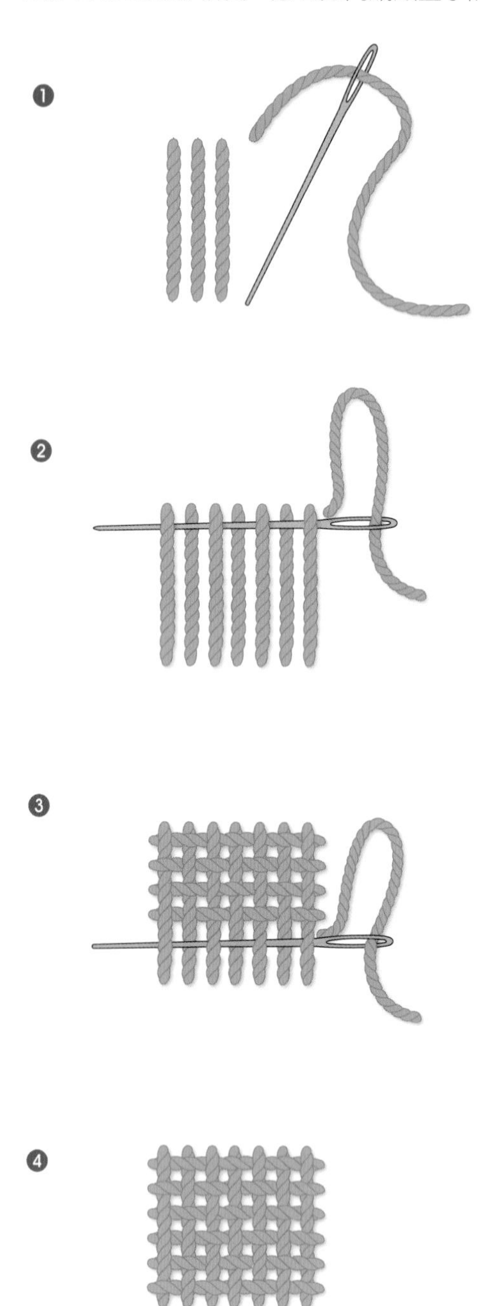

伯頓繡
Burden Stitch

先以等間隔繡出數條水平線後，從最上層開始繡直線，每條直線之間要保留一條繡線寬的空格，接著從第二層開始繡直線時就橫跨兩格橫線，直到將繡面填滿為止。

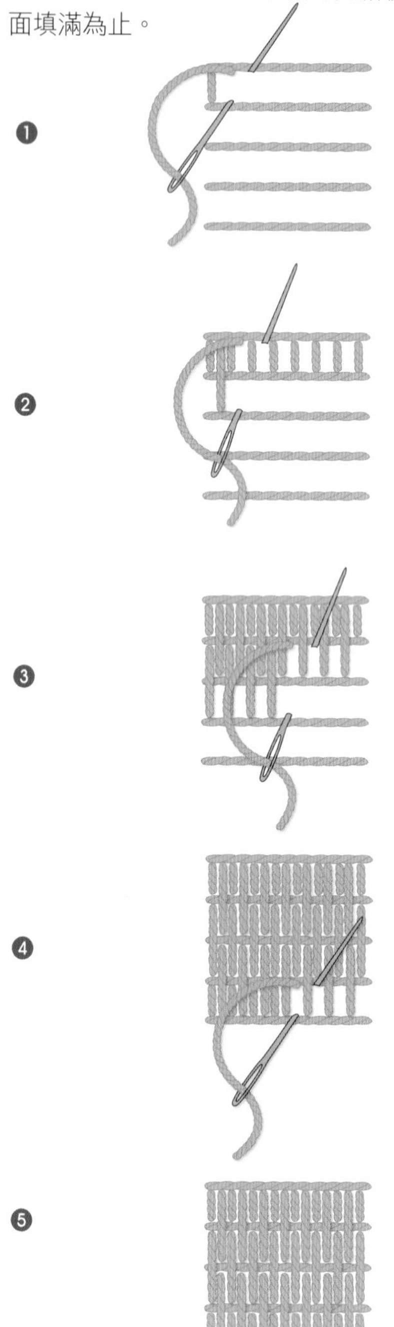

立體莖幹帶狀繡
Raised Stem Band Stitch

這是一種填滿繡面的針法，主要用來呈現籃子或編織衣物。先以等間隔繡出數條水平線後，從最上層開始，把針朝上依序繞過每一條橫線，然後將針穿到繡布後方，從最上層的第二排開始往下繞。

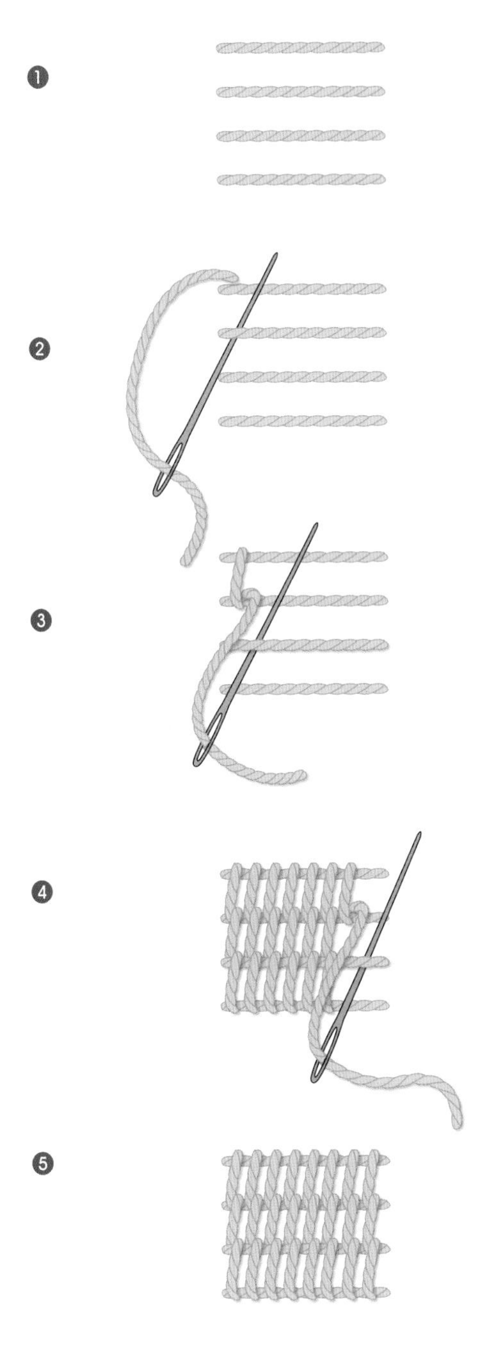

立體釦眼繡
Raised Buttonhole Stitch

先以等間隔繡出數條水平線後，讓繡線從最上層穿出來，把針朝下依序繞過每一條橫線，直到最底下為止。接著再從第二排開始往下繞。

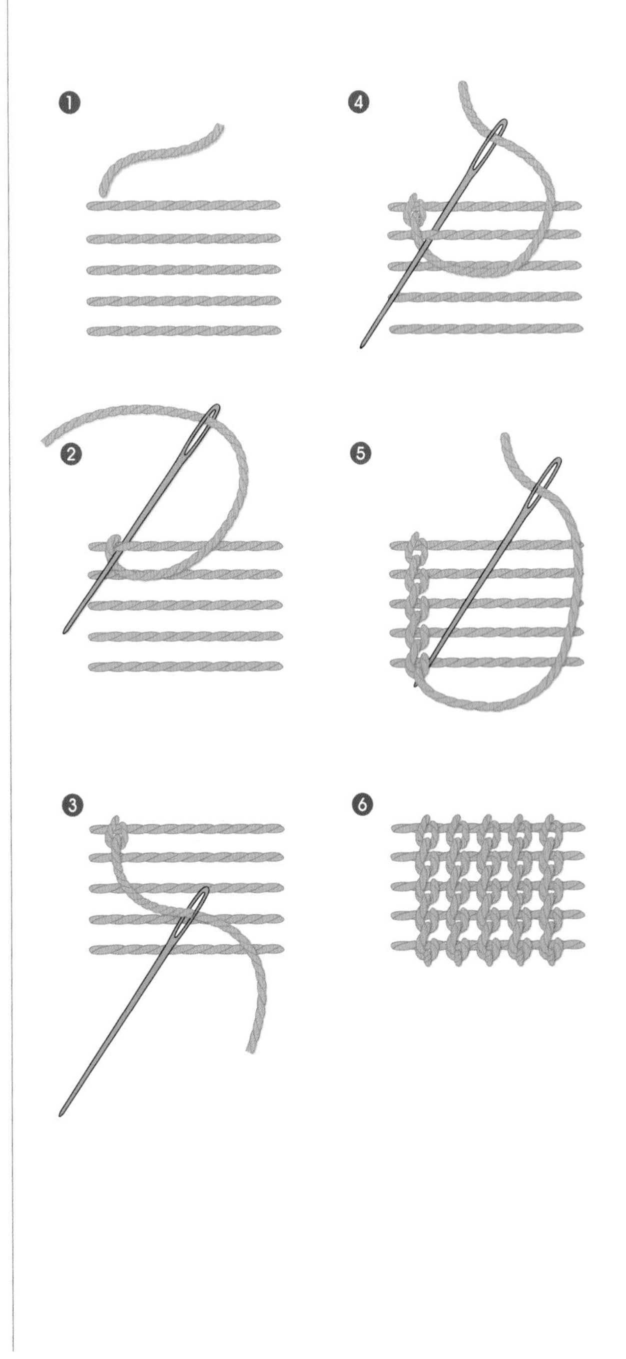

立體鎖鏈繡
Raised Chain Stitch

先以等間隔繡出數條水平線後，把繡針按照「先朝上後朝下」的順序，像畫圖般把繡線繞過橫線。
此針法造型看起來就和鎖鏈一樣，通常會用來填充籃子等稍微帶有立體感的繡面。
也可以選擇單獨呈現一排，當作立體線條來使用。

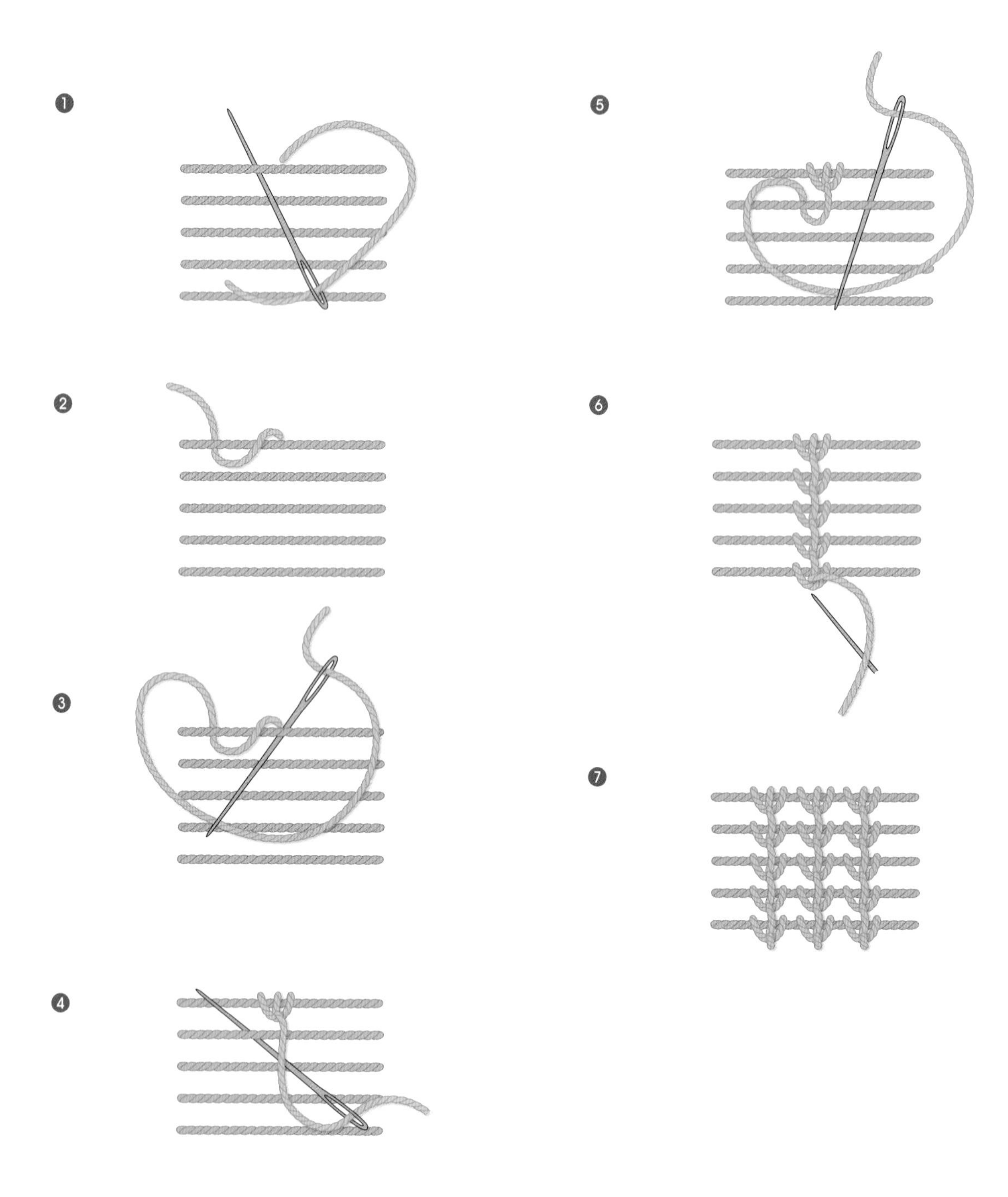

開放釦眼填充繡

Open Buttonhole Filling Stitch

在繡線繞出來的每個線圈之間，交錯繞出下一排線圈，最後編出網面的造型。
第二排開始的時候要向內移動一格，第三排再回到與第一排對齊的位置。
開放釦眼填充繡可以用來替花形繡打底，
也可以繡在動物或果實圖案的內層、塞入棉花，呈現出立體感。

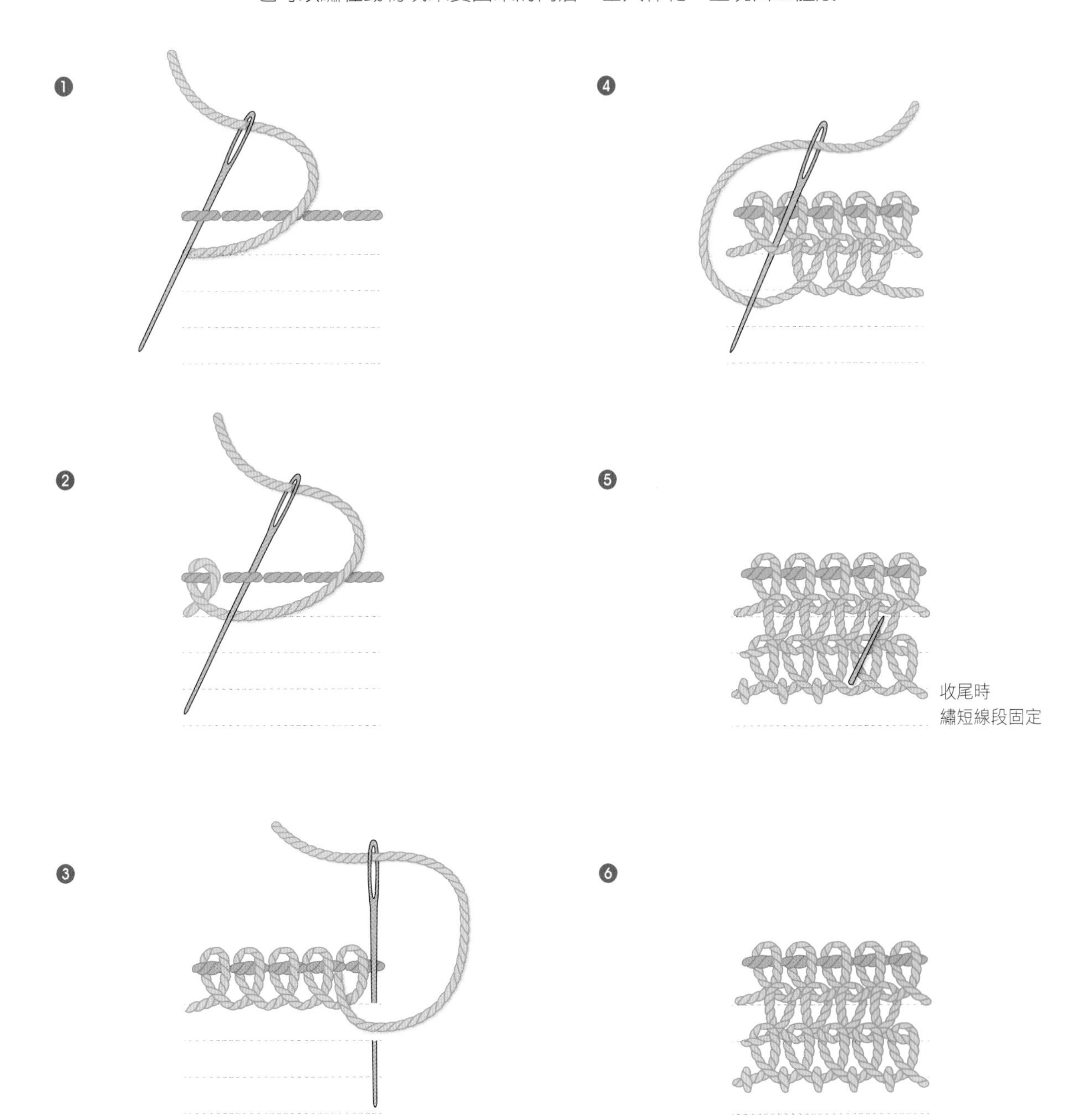

錫蘭繡
Ceylon Stitch

外觀就像是有著密實質感的針織布料，因此經常用來呈現編織衣物的圖樣。
在編織時，每一排的線圈都會對齊上一排的線圈。

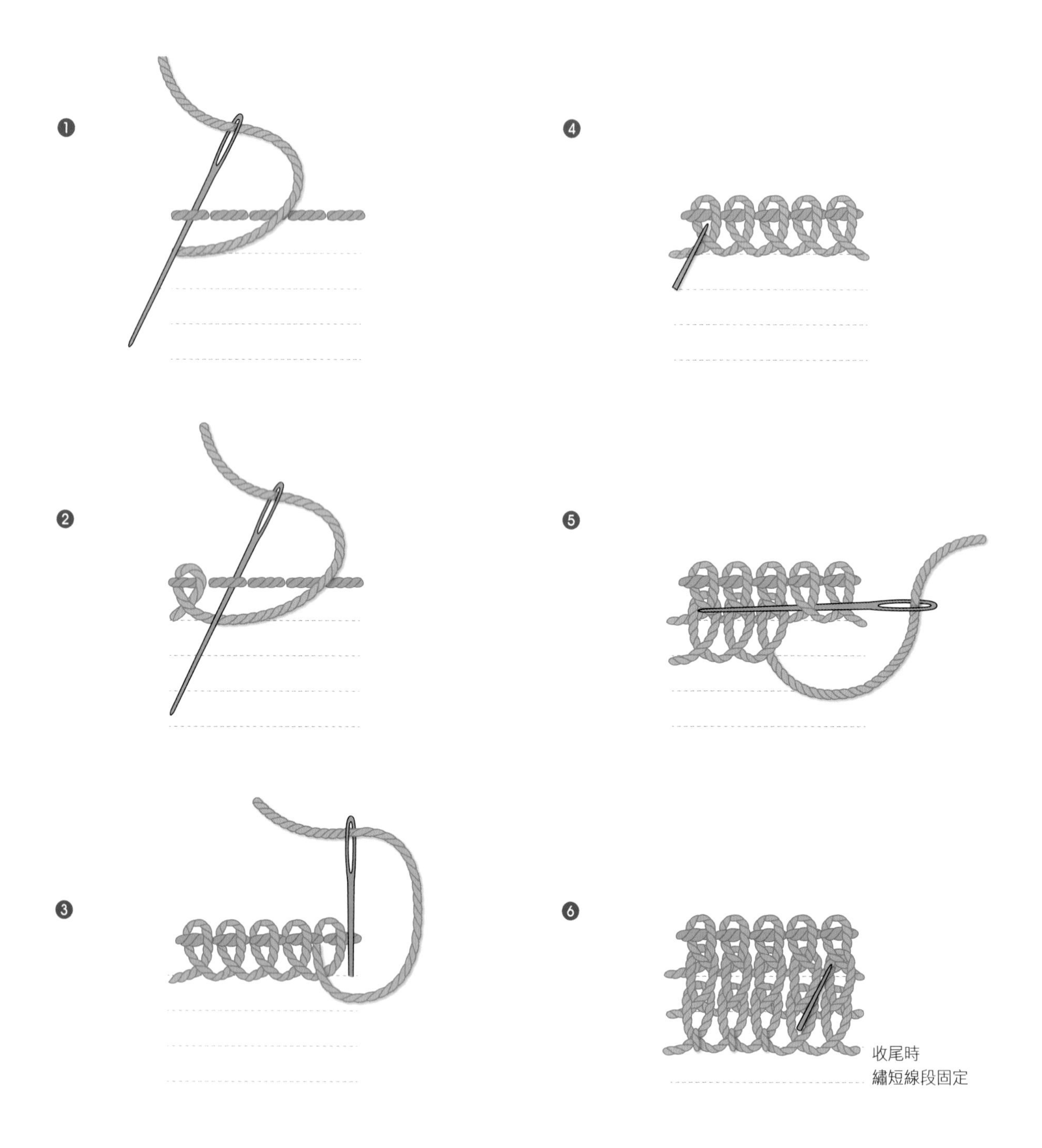

單邊編織捲線繡

Caston Stitch

像是鉤針編織一樣，用手指將繡線繞圈後掛到繡針上、拉緊繡線，即可編織出一個線圈。
繼續重複相同步驟，待線圈層層疊好後，抽出繡針並整理繡線。
此針法通常用來呈現立體花瓣，只要由內往外緊密地做出一片片，就能完成花朵造型。

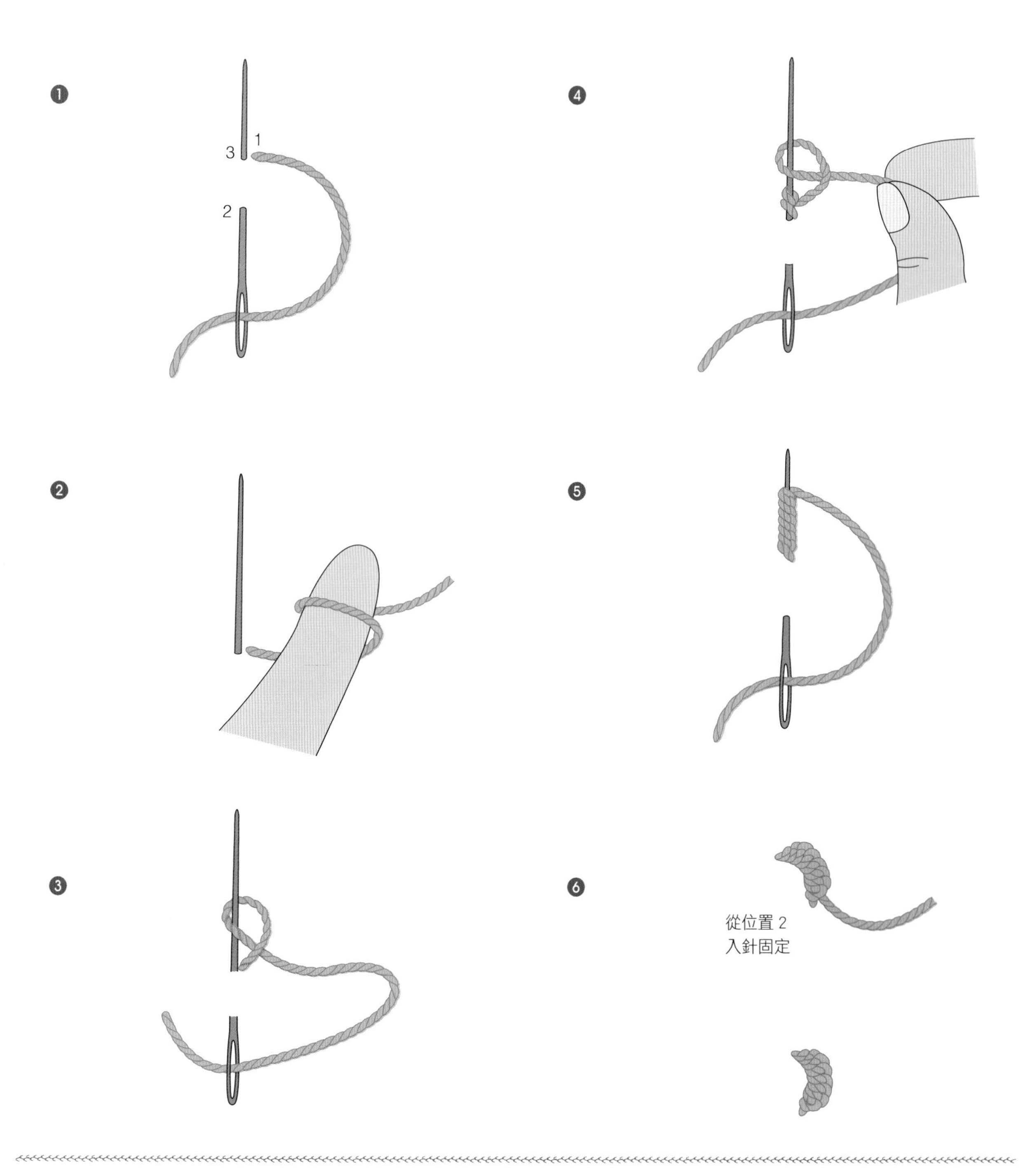

單邊編織指環繡
Caston Ring Stitch

單邊編織指環繡的作法和單邊編織捲線繡相似，
但最後讓繞好的線圈捲起來，形成一個圓環造型。
這個針法通常用來呈現小巧的立體花朵。

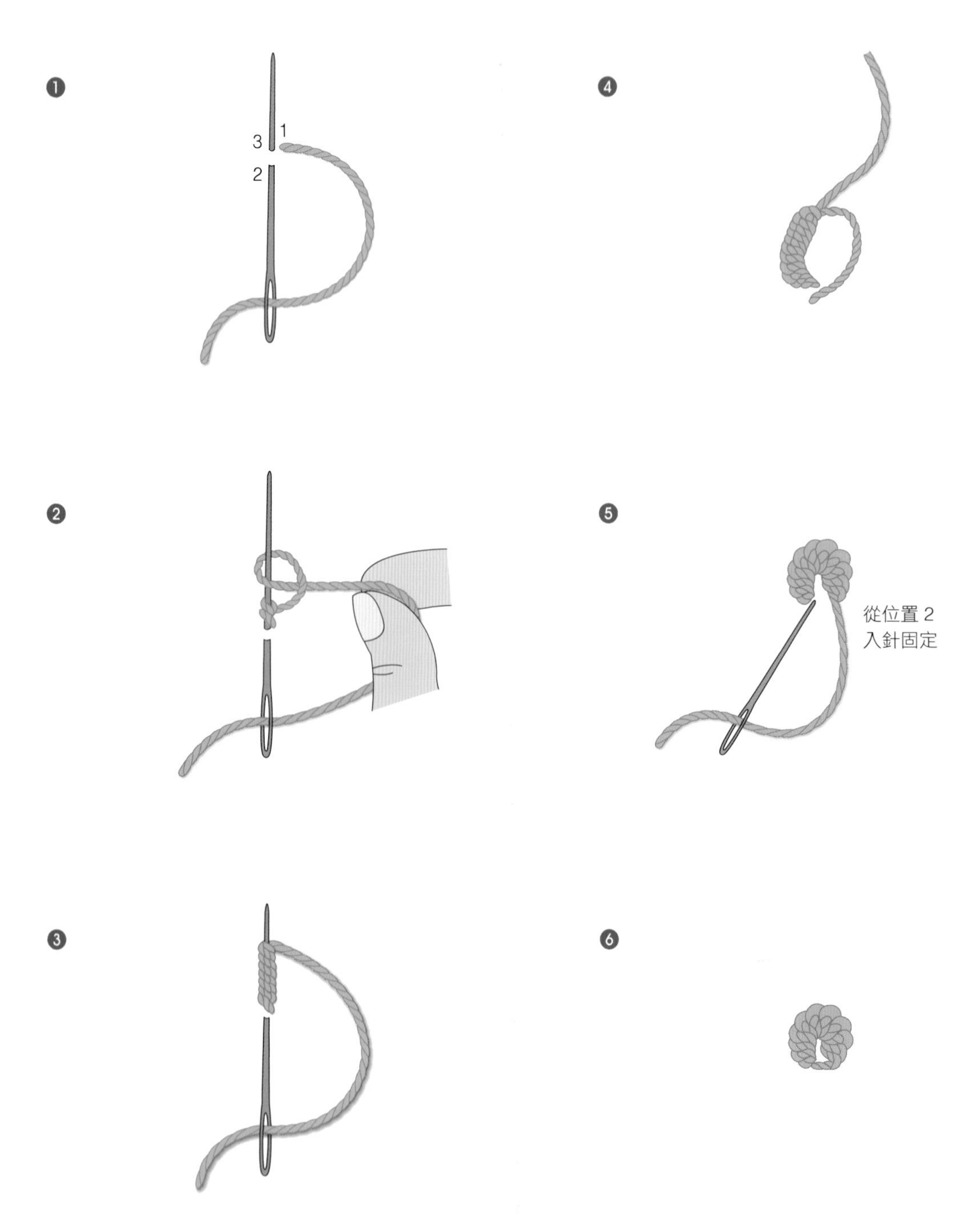

對稱編織捲線繡

Double Caston Stitch

在一開始便將繡線分成左右兩股，
然後輪流將兩股線環繞並掛到繡針上、往左右方向拉出繩結，
如此堆疊出左右對稱的模樣。這個針法通常用來呈現立體的花朵。

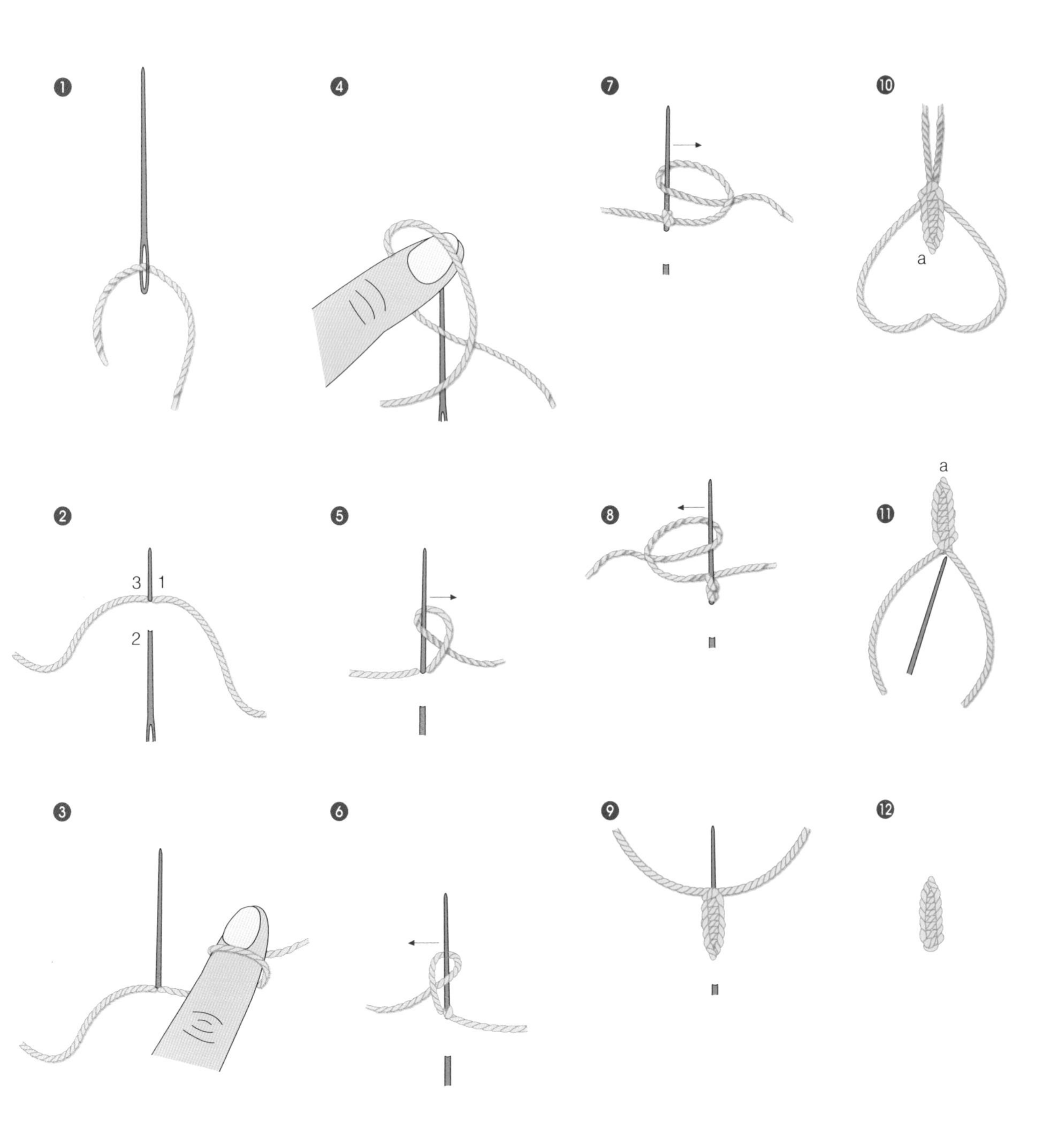

立體葉形繡
Raised Leaf Stitch

先用珠針幫忙固定繡線，拉出叉子狀的基柱線後，
將繡針輪流從左右兩邊交錯穿越三條基柱線，讓圖案可以浮在繡布上。
編織開頭部分時需要特別留意，避免繡線纏繞在一起。
此針法又稱為「編織葉形繡（Woven Picot Stitch）」，通常用來呈現立體花瓣或葉片。

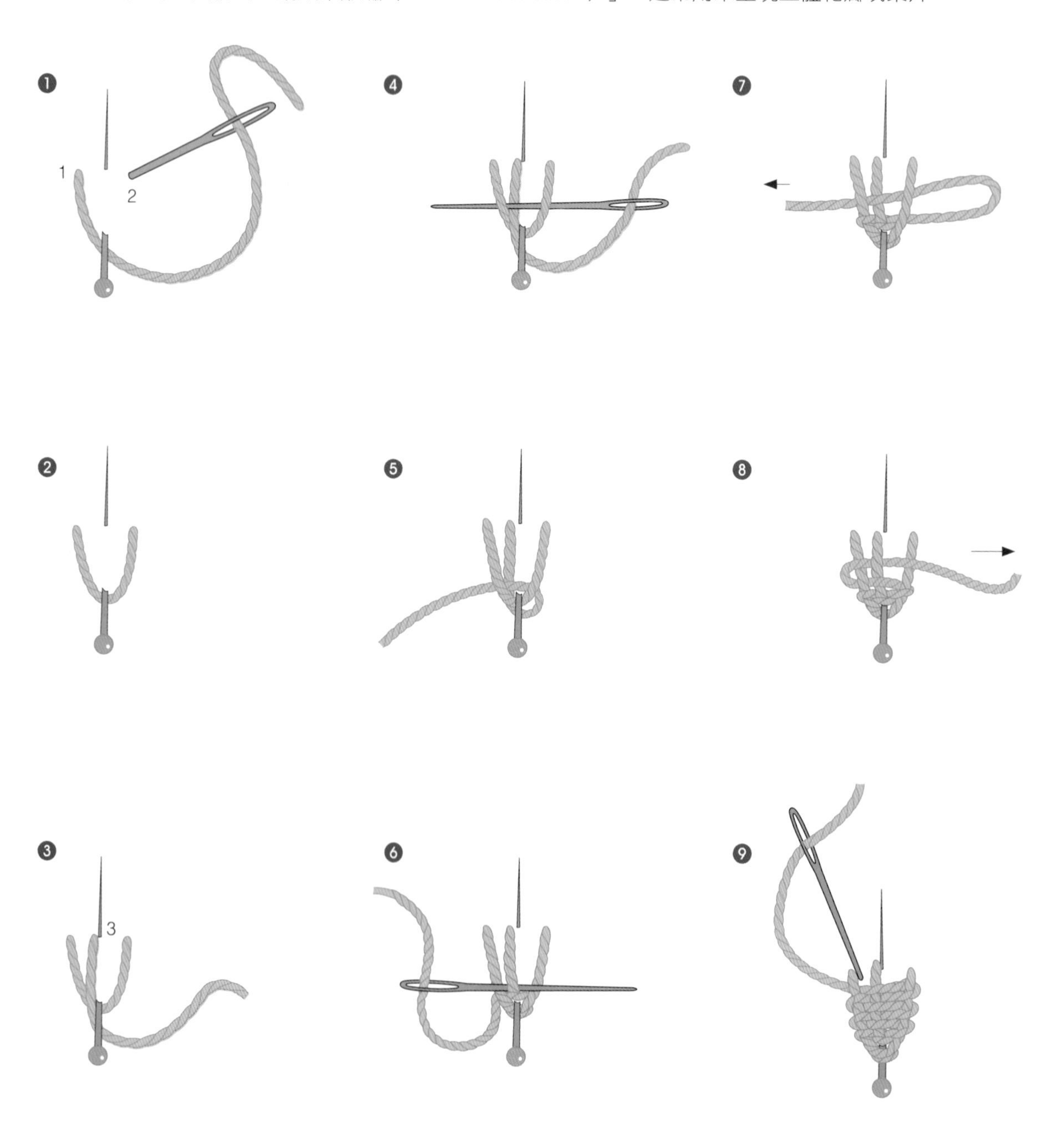

斯麥那繡
Smyrna Stitch

刺繡方向是由左到右，可以用回針繡的形式將繡針往回繡，
一針把線拉鬆、一針拉緊，不斷重複就能繡出花蕊的造型（圖❼），
一般會用來呈現蓬鬆又帶有厚實感的立體花朵、毛衣、動物的毛等等。
也可以繡得很緊密，並剪掉最上端，做出流蘇裝飾的效果（圖❽）。

鐵絲固定繡

Wire Stitch

先把鐵絲彎折成想要的形狀，用細密的釦眼繡固定鐵絲在布面上。
鐵絲內側用長短繡或緞面繡等針法填滿繡面之後，
緊貼著鐵絲固定繡把繡布裁剪下來，留意不要剪斷繡線、避免鬆脫。
將鐵絲插入另一塊繡布中固定，可用來呈現立體的花朵或葉片，也能單獨製成一朵花。

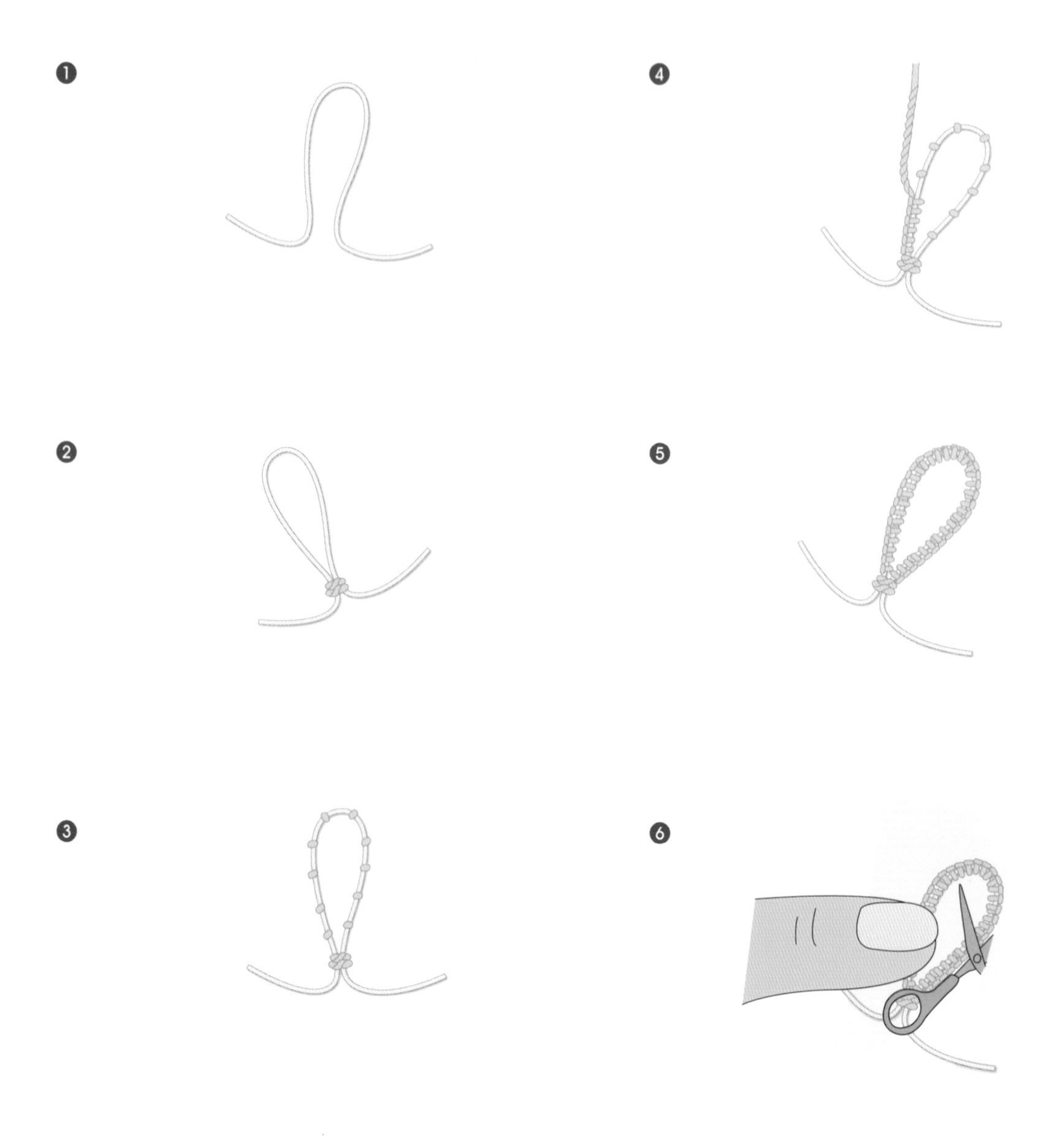

立體杯形繡
Raised Cup Stitch

先繡一圈輪狀釦眼繡之後，繼續將繡線往上環繞堆疊，可以堆一層或是兩層。適合用來呈現立體的花朵，也能用來製作花朵的花蕊、籃子等等。.

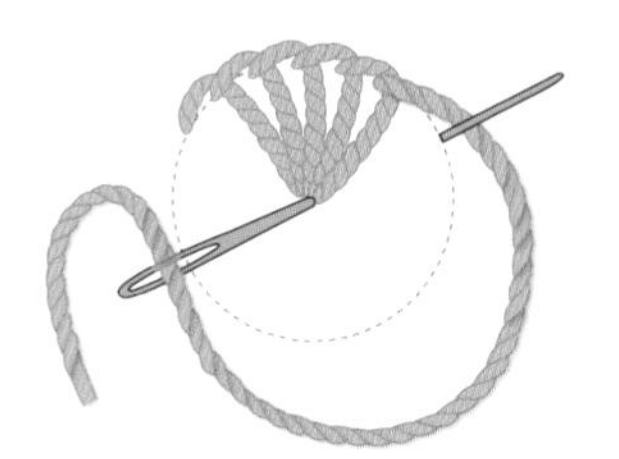

❷

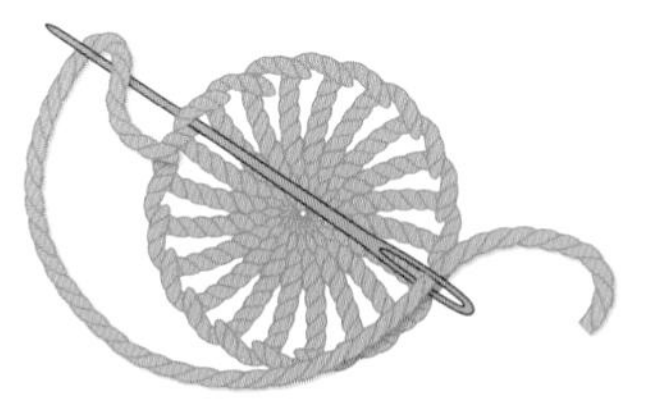

❸

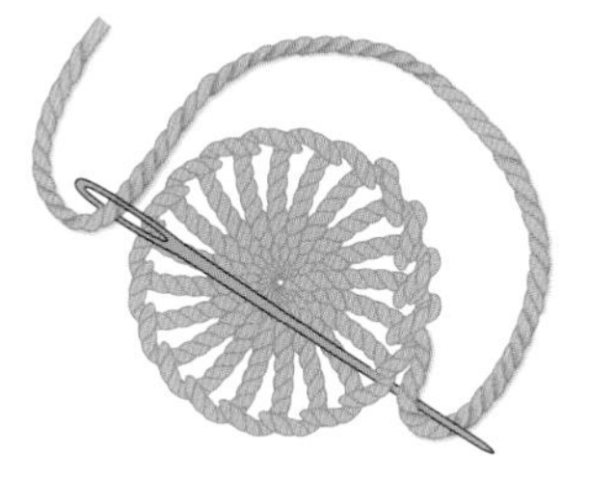

❹

綁珠繡
Wrapping Beads Stitch

不斷反覆將繡線穿過串珠，用繡線完整包覆串珠，最後再套入一顆較小的珠子，把串珠固定於布面即可。通常會用來呈現立體的果實。

❶

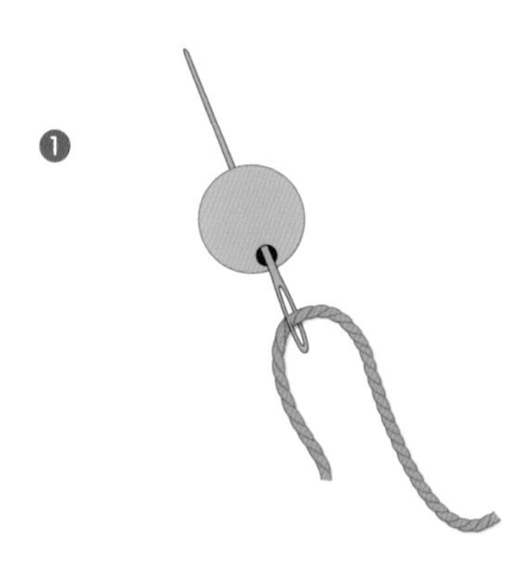

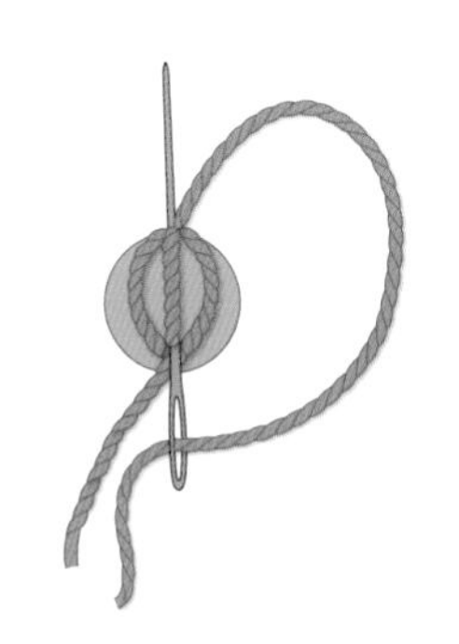

❸

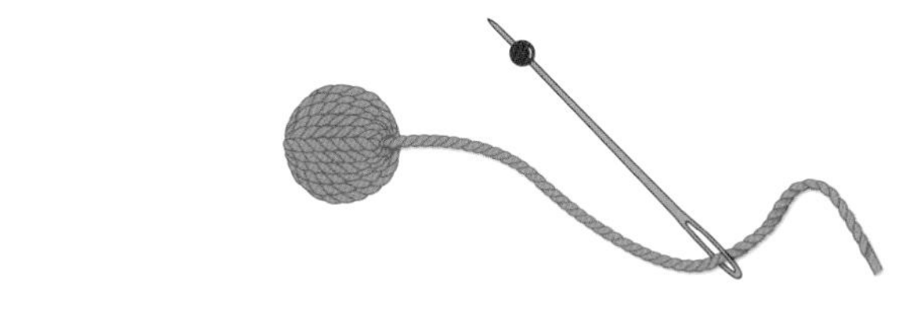

❹

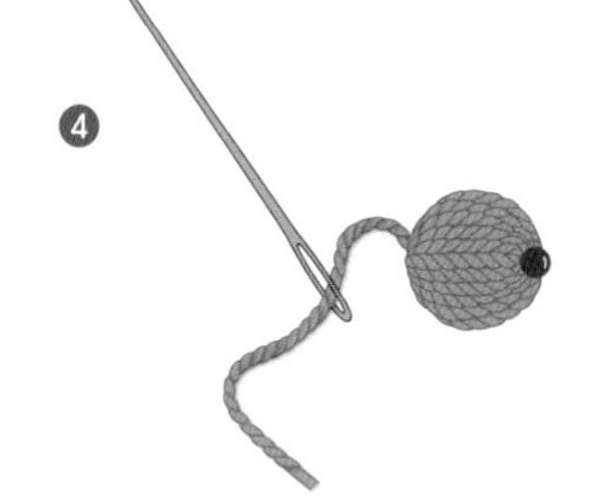

花形繡
Flower Stitch

花形繡是一種用來呈現立體花朵的針法，常用來製作康乃馨或薊花。
將繡線繞好幾圈之後，在中間的位置綁起來固定，接著對折，
並在底部繡上開放釦眼填充繡即完成。也可以選擇繡上伯頓繡或是立體釦眼繡。

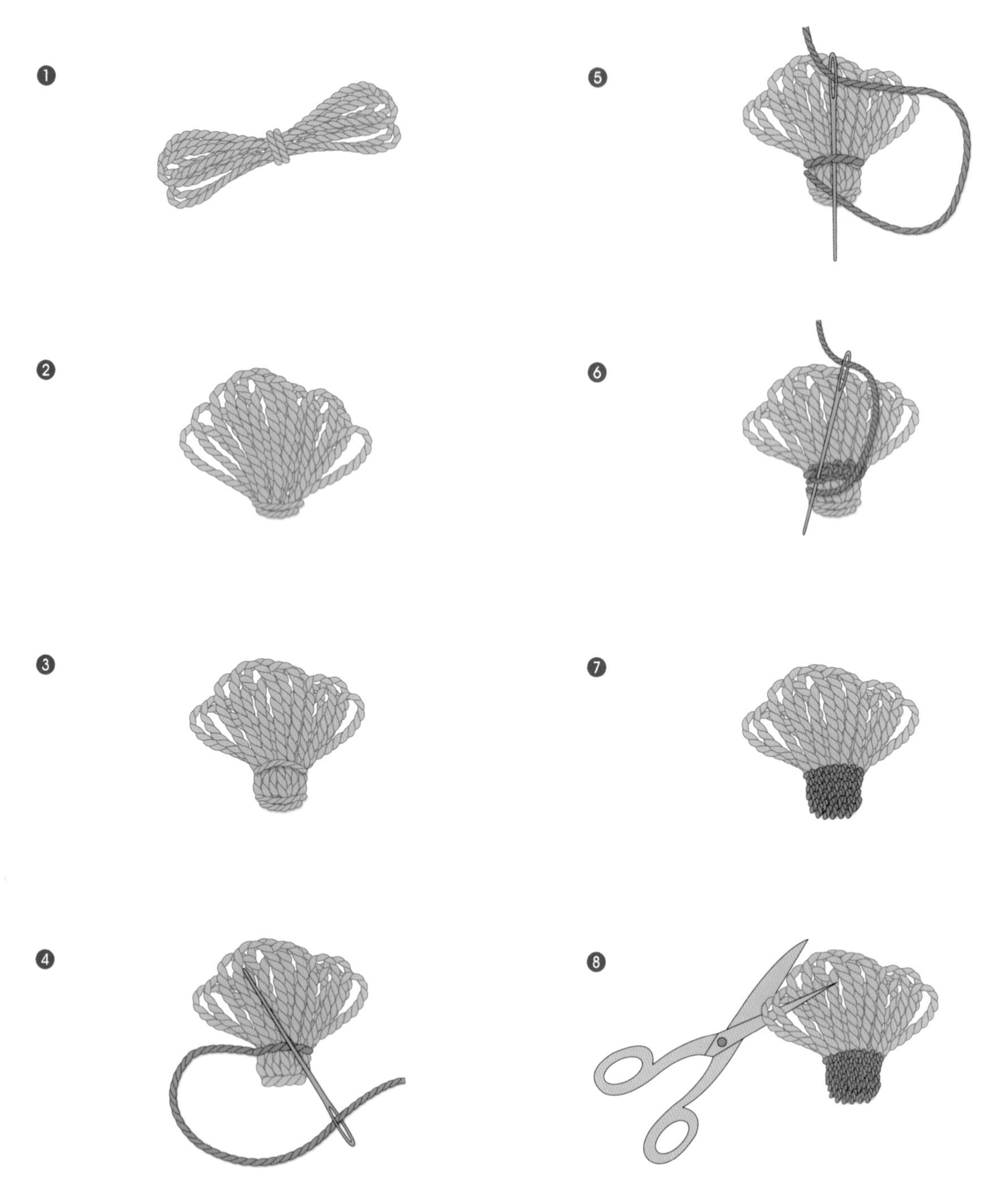

K.Blue's Embroidery

Stitch Book

by

K.Blue

設計出一本
專屬自己的針法書

大家可以將經常使用的或特別喜歡的針法收集起來，製作出一本專屬於自己的針法書。在這個章節裡示範的針法書，上頭的針法都是運用 3 條 DMC25 號繡線繡出來的（釘線繡則用了 6 條繡線）。而每個針法繡圖旁的數字，為使用的繡線編號。

STITCH
BOOK

K.Blue's Embroidery

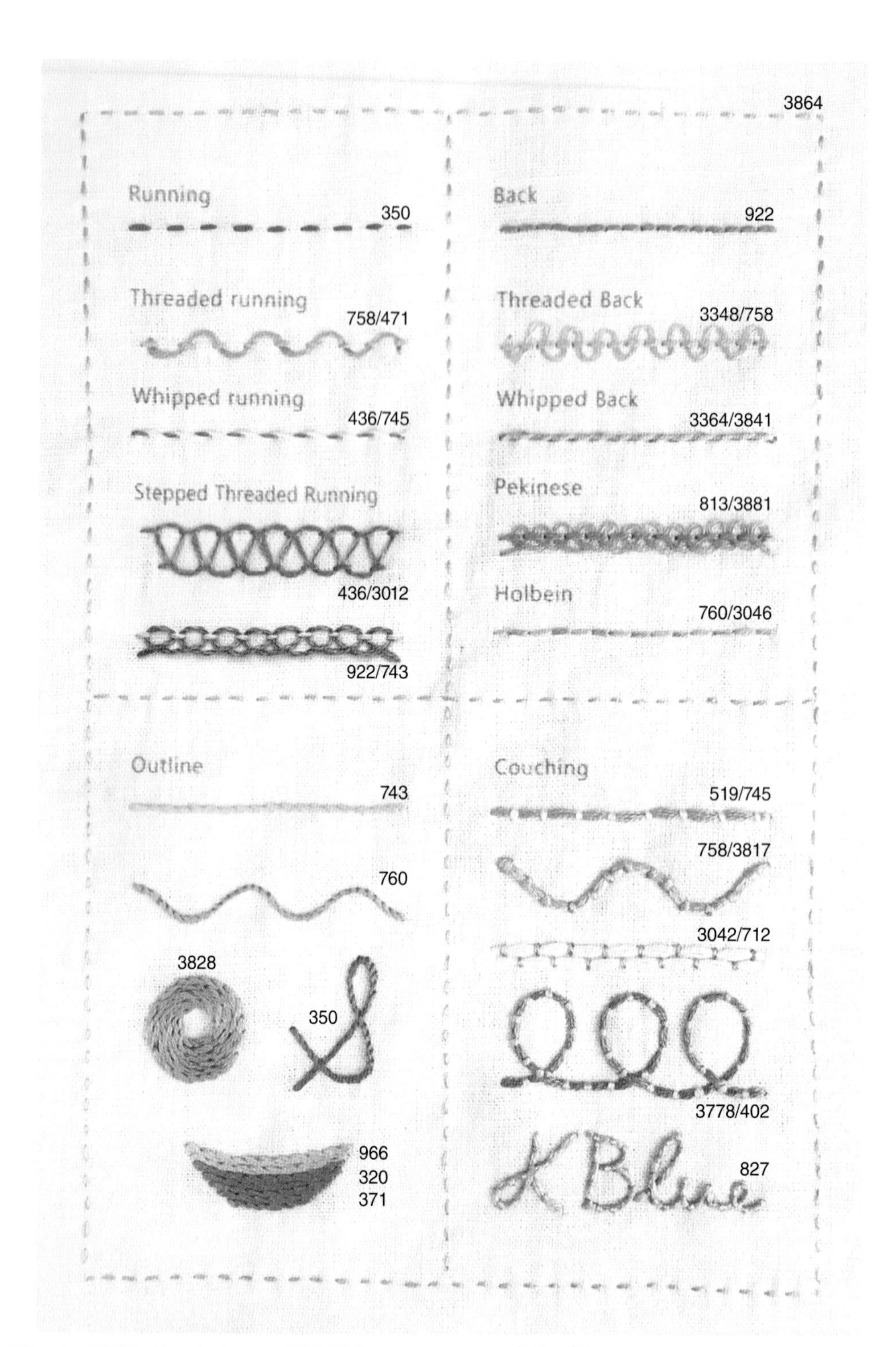

左上：Running 平針繡、Threaded running 穿線平針繡、Whipped running 繞線平針繡、Stepped Threaded Running 雙階穿線平針繡

右上：Back 回針繡、Threaded Back 穿線回針繡、Whipped Back 繞線回針繡、Pekinese 獅子狗繡、Holbein 霍爾拜因繡

左下：Outline 輪廓繡

右下：Couching 釘線繡

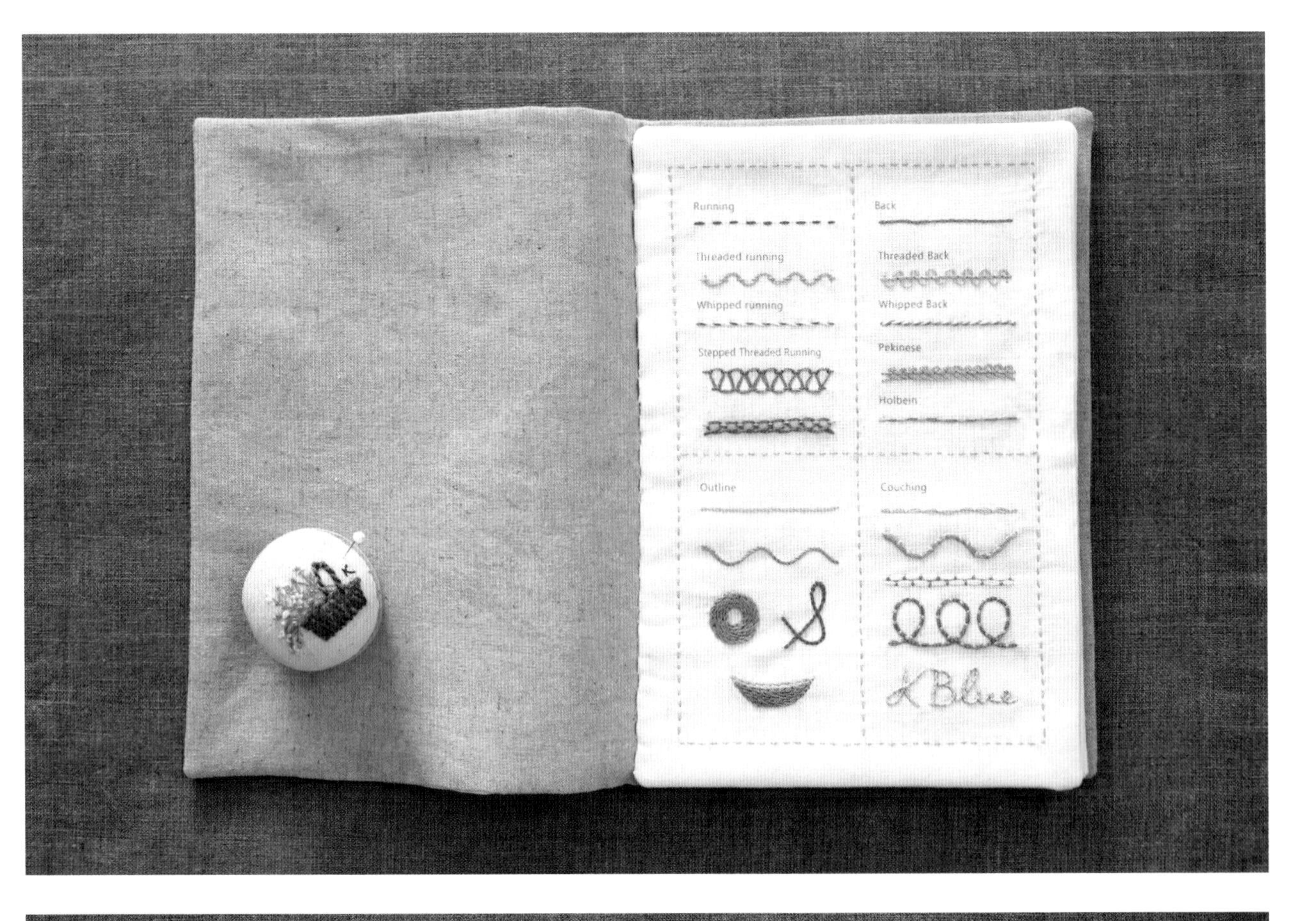
Running
Threaded running
Whipped running
Stepped Threaded Running
Back
Threaded Back
Whipped Back
Pekinese
Holbein
Outline
Couching
K Blue

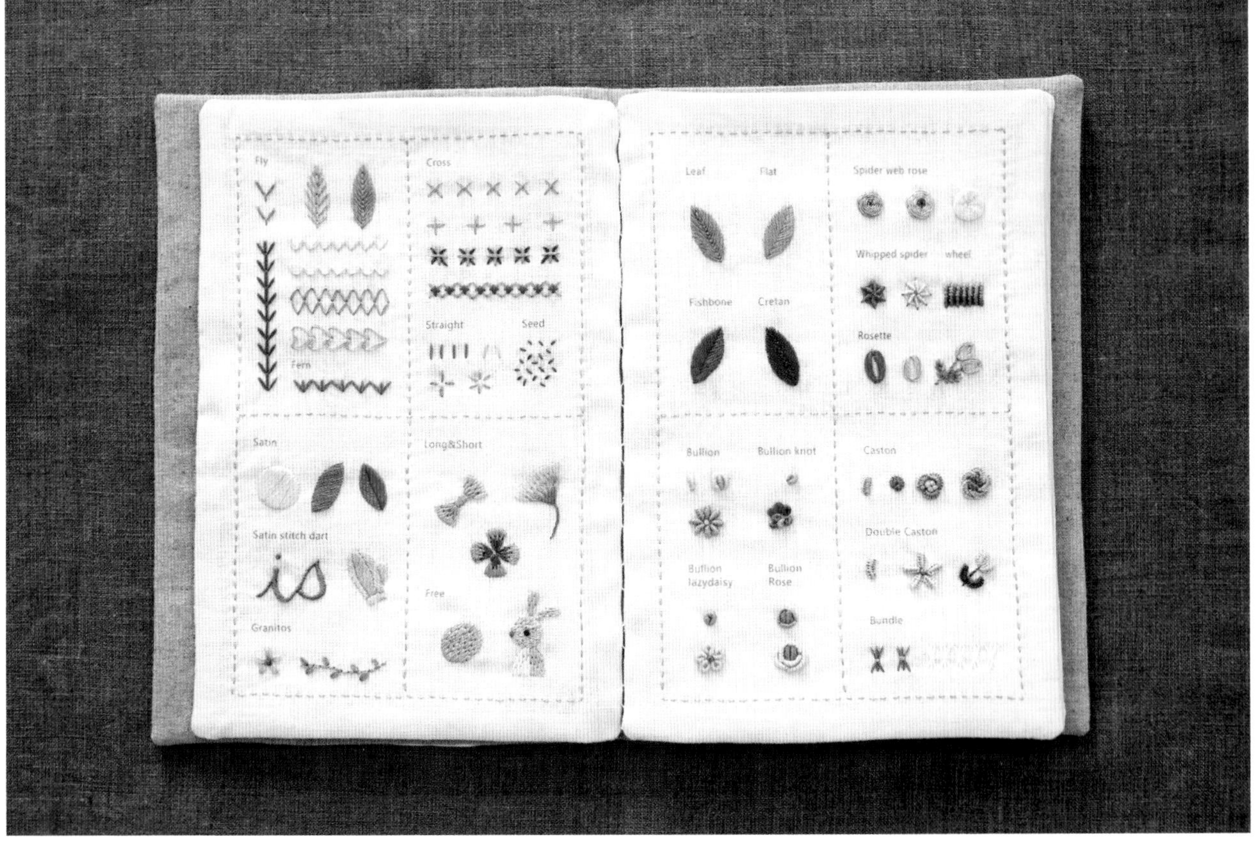
Fly
Fern
Cross
Straight
Seed
Satin
Satin stitch dart
is
Granitos
Long&Short
Free
Leaf
Flat
Fishbone
Cretan
Spider web rose
Whipped spider wheel
Rosette
Bullion
Bullion knot
Bullion lazydaisy
Bullion Rose
Caston
Double Caston
Bundle

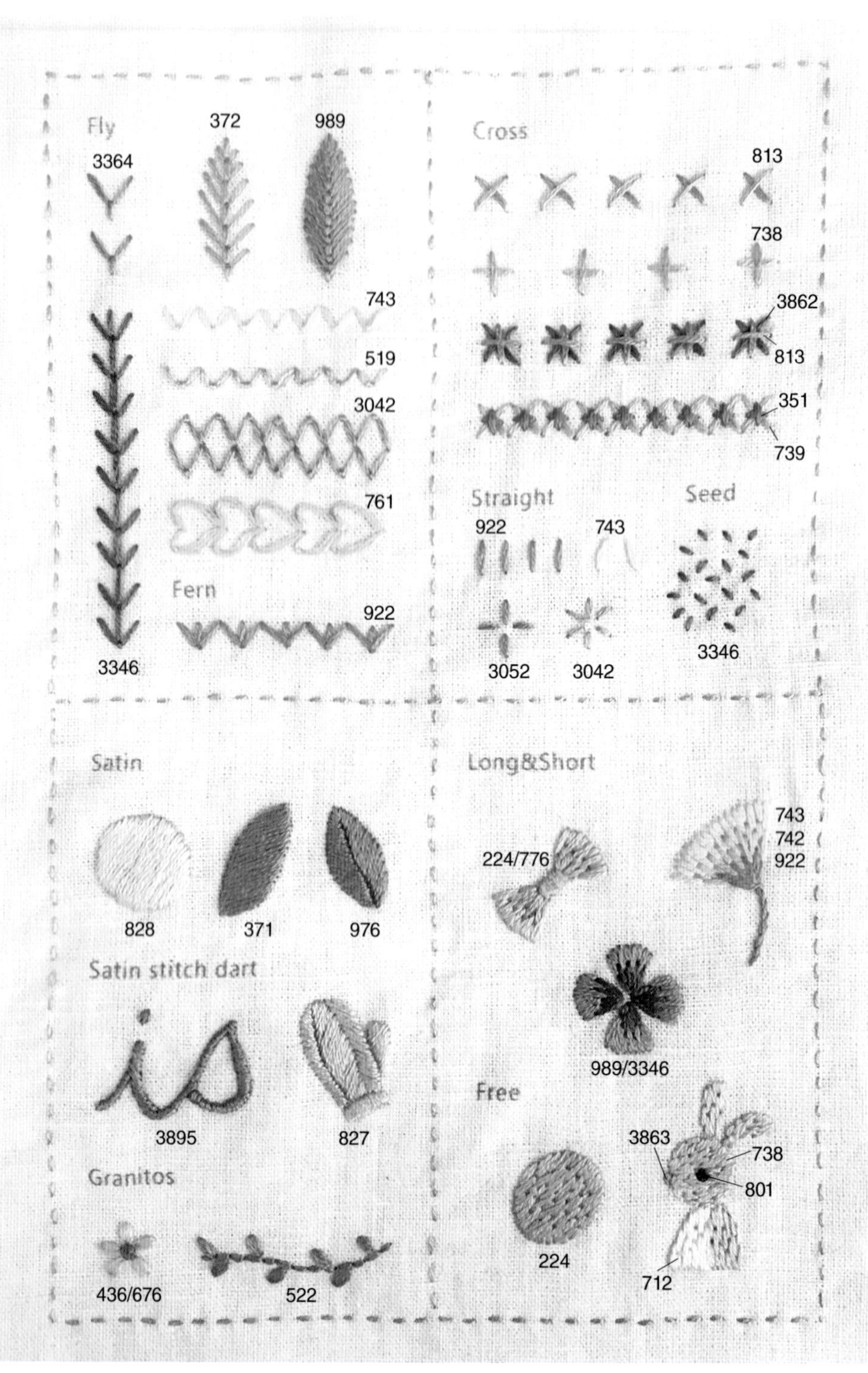

左上：Fly 飛鳥繡、Fern 羊齒繡
右上：Cross 十字繡、Straight 直針繡、Seed 種籽繡
左下：Satin 緞面繡、Satin stitch dart 褶皺緞面繡、Granitos 平面結繡
右下：Long&Short 長短繡、Free 自由繡

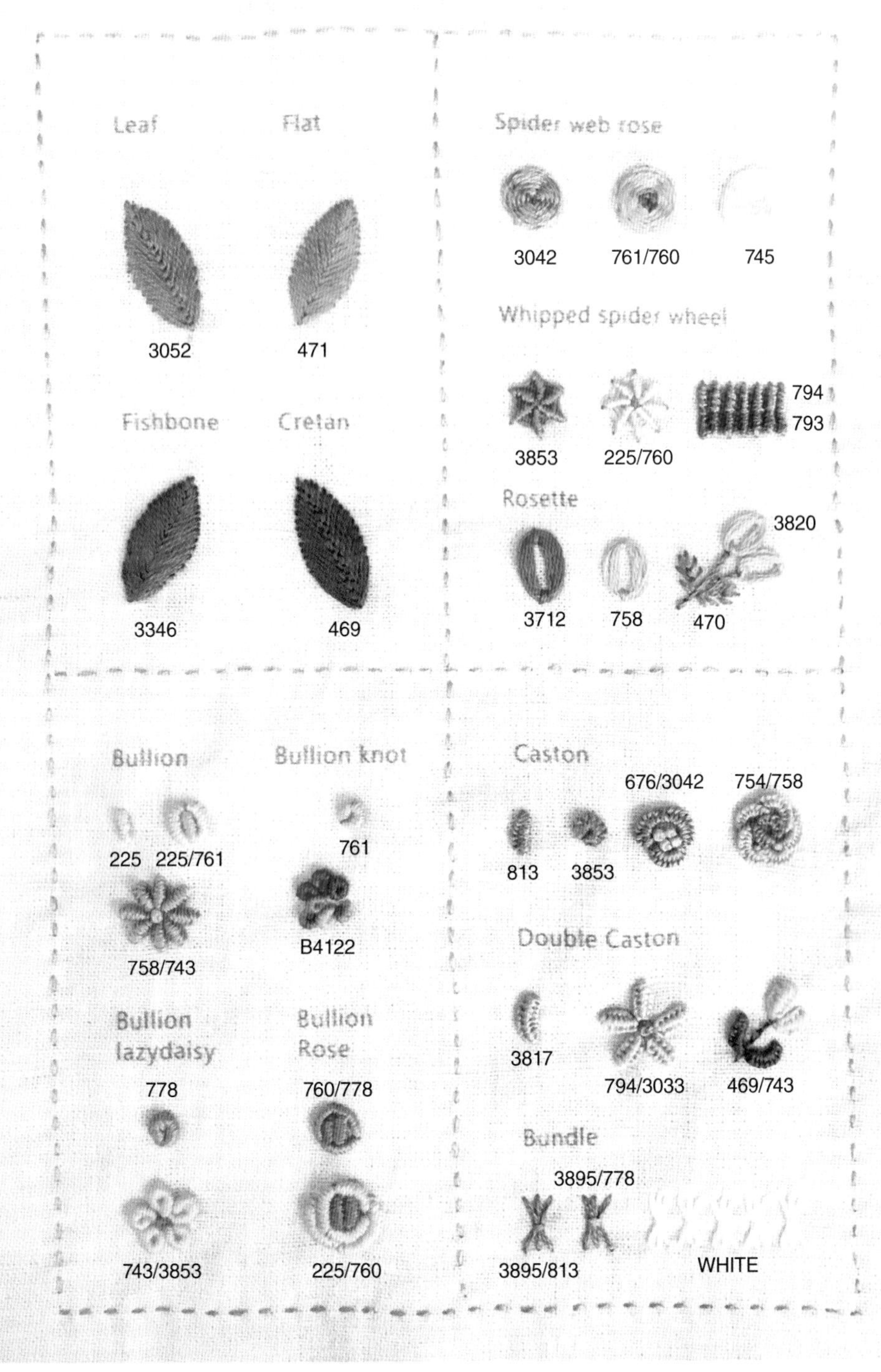

左上：Leaf 葉形繡、Flat 平面繡、Fishbone 魚骨繡、Cretan 克里特繡
右上：Spider web rose 蛛網玫瑰繡、Whipped spider wheel 繞線蛛網繡、Wheel 車輪繡、Rosette 玫瑰花形繡
左下：Bullion 捲線繡、Bullion knot 捲線結粒繡、Bullion lazydaisy 捲線雛菊繡、Bullion Rose 捲線玫瑰繡
右下：Caston 單邊編織捲線繡、Double Caston 對稱編織捲線繡、Bundle 捆線繡

French knot

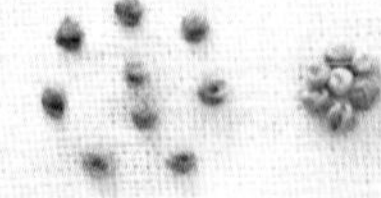

Colonial knot

German knot

Cable

Lazydaisy

Double Lazydaisy

Buttonhole

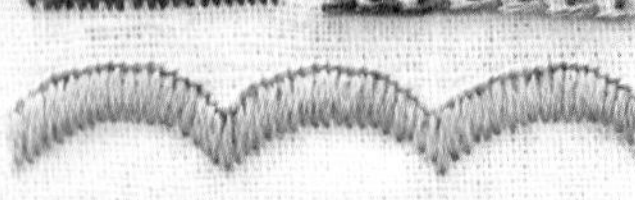

Circle Buttonhole

Braid

Wheatear

Rope

Coral

Scrol

Feather

Double Feather

Closed Feather

Chain

Whipped Chain

Back Chain

Cable Chain

Hungarian Braided Chain

Herringbone

Double Herringbone

Chevron

Double Chevron

Couched trellis

Basket

Burden

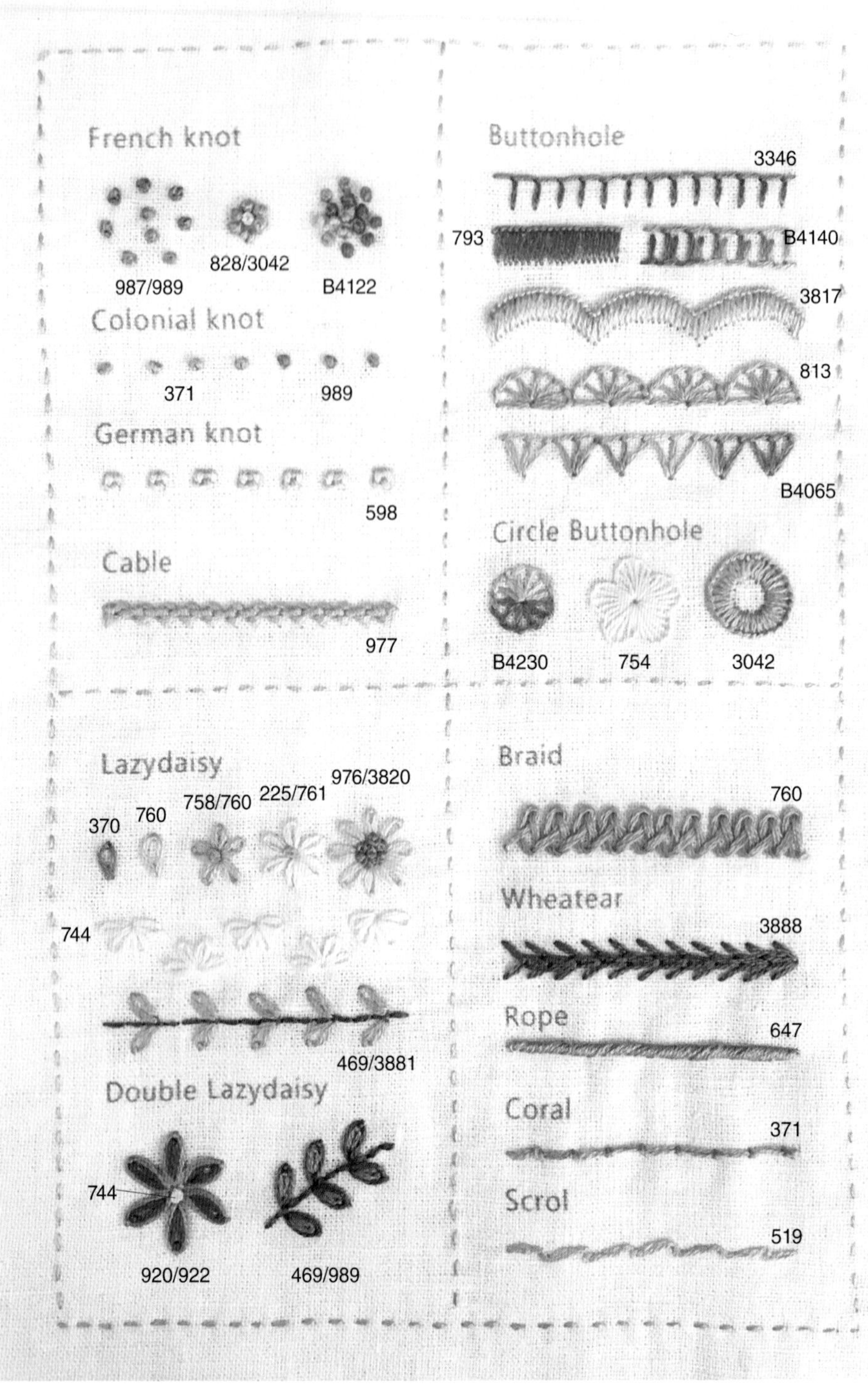

左上：French knot 法國結粒繡、Colonial knot 殖民結粒繡、German knot 德國結粒繡、Cable 纜繩繡
右上：Buttonhole 釦眼繡、Circle Buttonhole 輪狀釦眼繡
左下：Lazydaisy 雛菊繡、Double Lazydaisy 雙重雛菊繡
右下：Braid 髮辮繡、Wheatear 麥穗繡、Rope 結繩繡、Coral 珊瑚繡、Scrol 旋渦繡

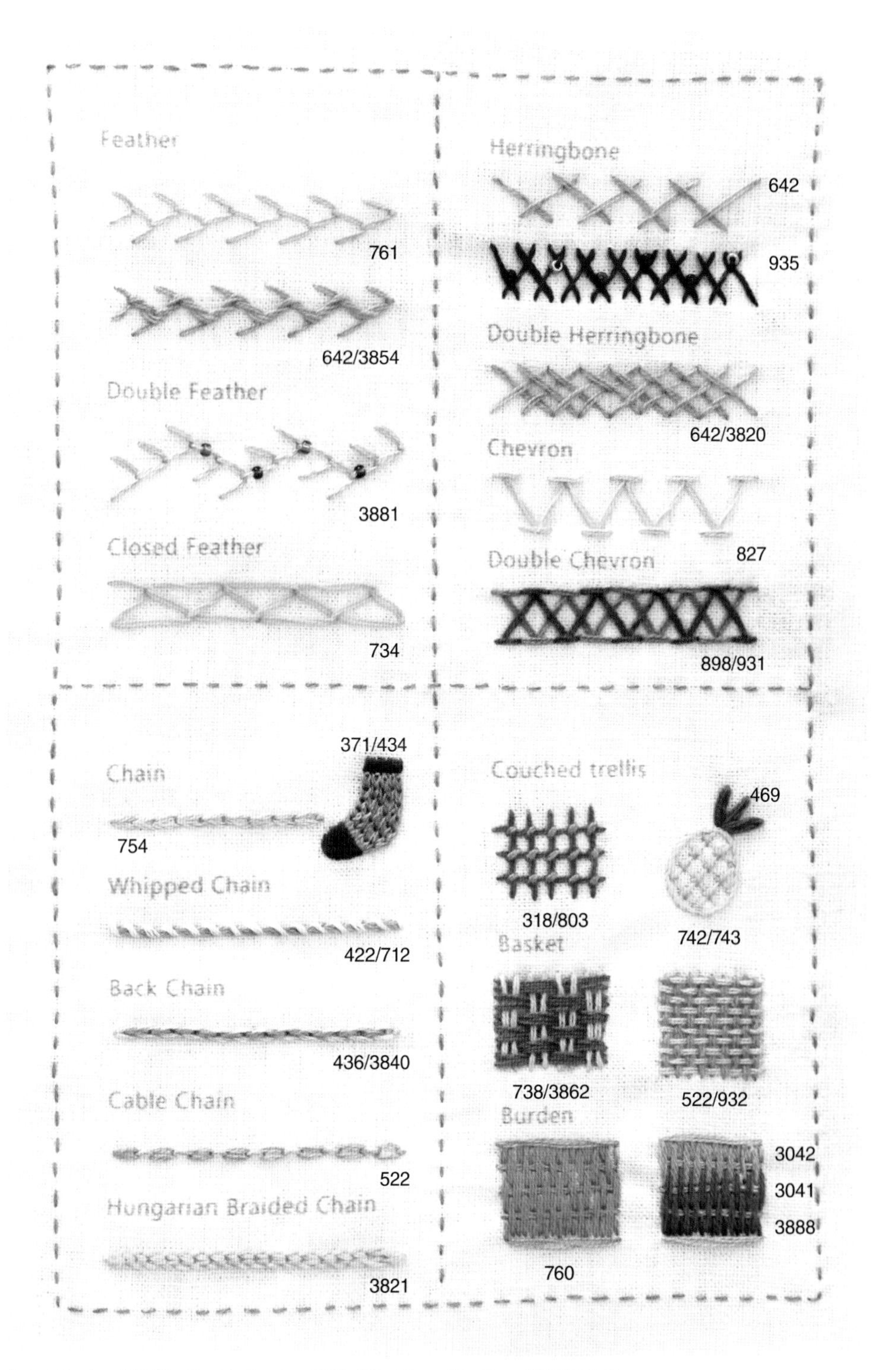

左上：Feather 羽毛繡、Double Feather 雙羽毛繡、Closed Feather 封閉型羽毛繡

右上：Herringbone 人字繡、Double Herringbone 雙層人字繡、Chevron 山形繡、Double Chevron 雙層山形繡

左下：Chain 鎖鏈繡、Whipped Chain 繞線鎖鏈繡、Back Chain 回針鎖鏈繡、Cable Chain 纜繩鎖鏈繡、Hungarian Braided Chain 匈牙利髮辮鎖鏈繡

右下：Couched trellis 釘線格架繡、Basket 籃網繡、Burden 伯頓繡

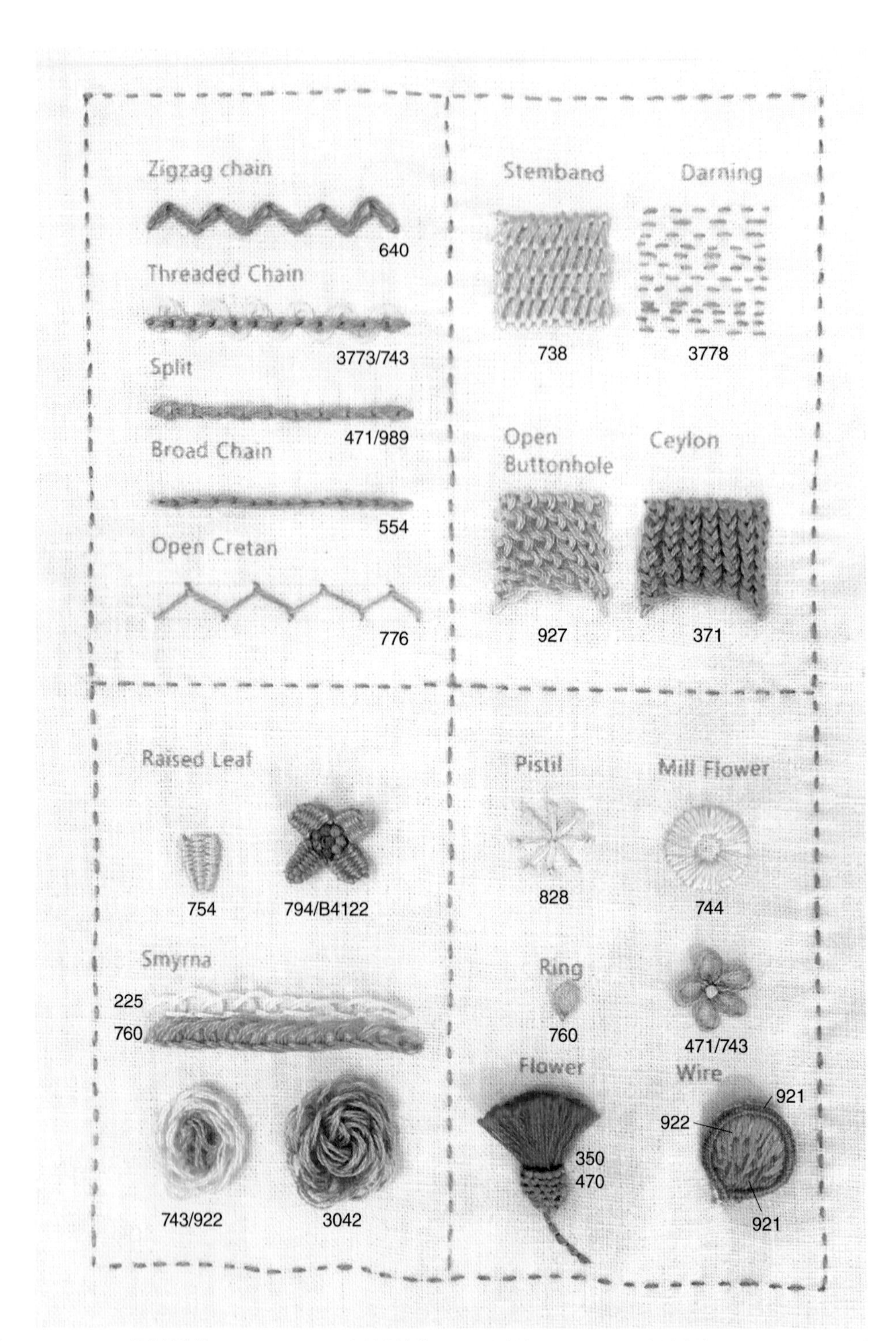

左上：Zigzag Chain 鋸齒鎖鏈繡、Threaded Chain 穿線鎖鏈繡、Split 裂線繡、Broad Chain 寬鎖鏈繡、Open Cretan 開放克里特繡
右上：Stemband 立體莖幹帶狀繡、Darning 織補繡、Open Buttonhole 開放釦眼填充繡、Ceylon 錫蘭繡
左下：Raised Leaf 立體葉形繡、Smyrna 斯麥那繡
右下：Pistil 雌蕊繡、Mill Flower 水磨坊花形繡、Ring 指環繡、Flower 花形繡、Wire 鐵絲固定繡

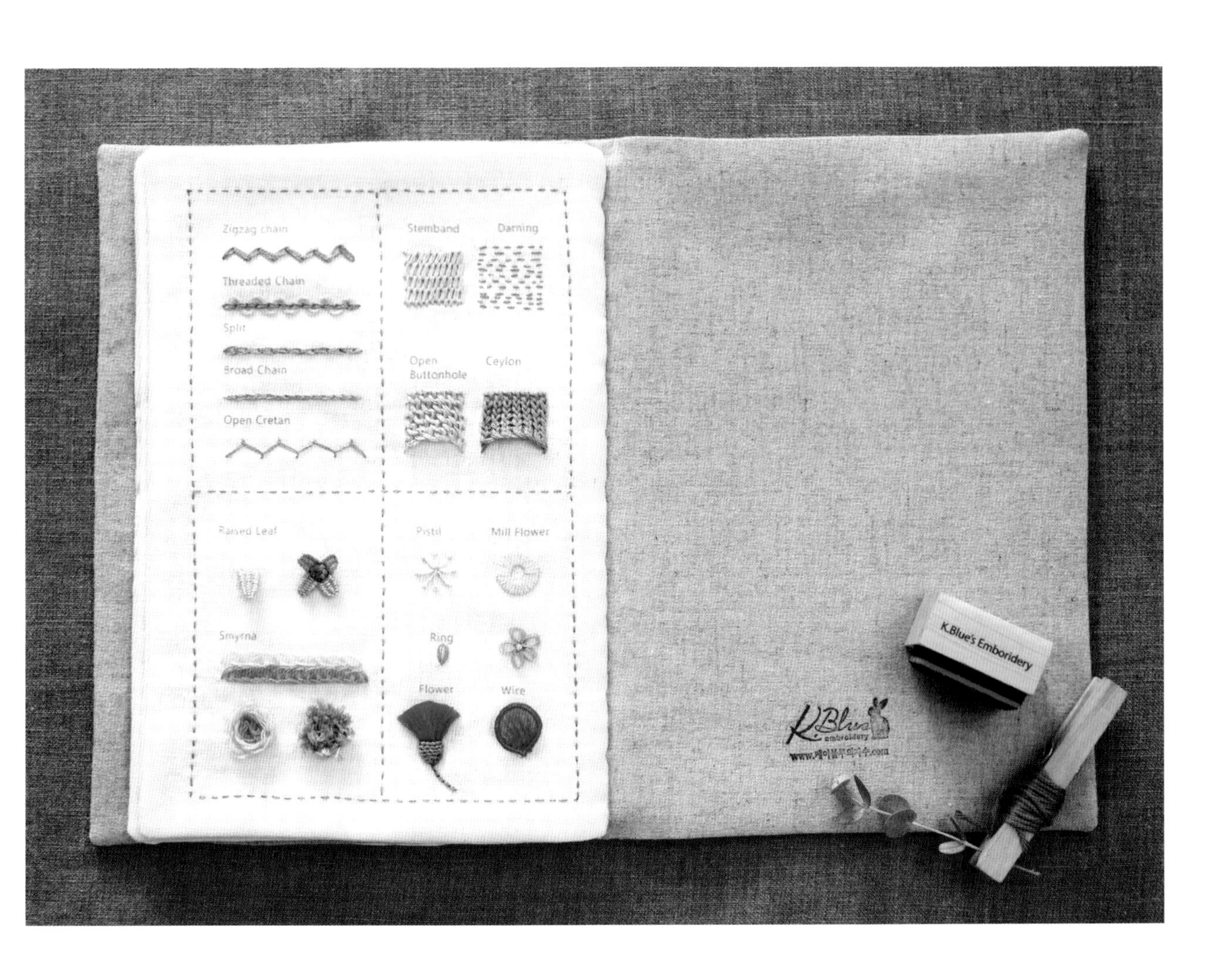
Zigzag chain
Threaded Chain
Split
Broad Chain
Open Cretan
Stemband
Darning
Open Buttonhole
Ceylon
Raised Leaf
Pistil
Mill Flower
Smyrna
Ring
Flower
Wire
K.Blue's Emboridery

使用的繡線 DMC 25 號繡線：351、436、743、780、3052、3862

使用的針法 回針繡、輪廓繡、飛鳥繡、十字繡、雛菊繡、法國結粒繡、鎖鏈繡

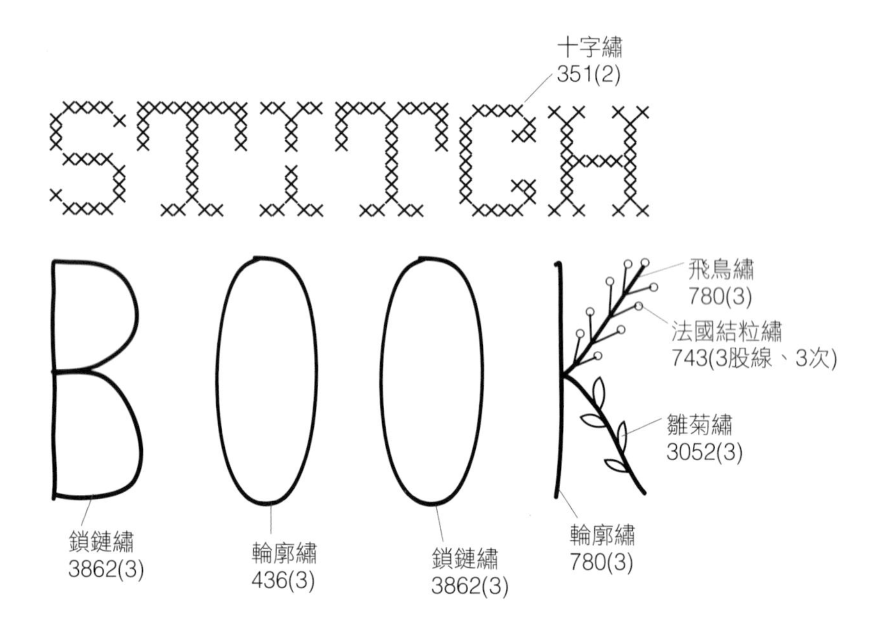

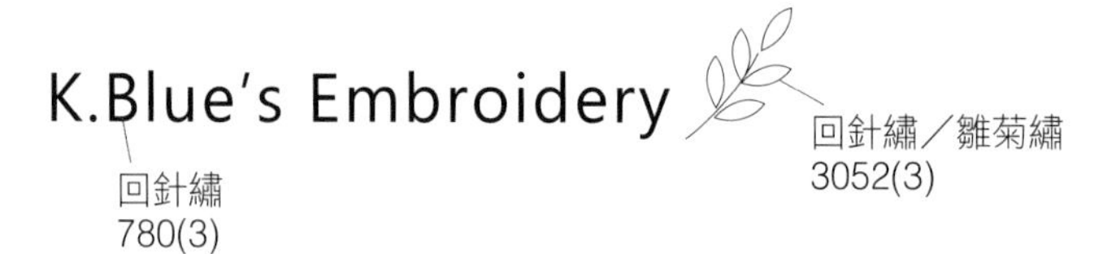

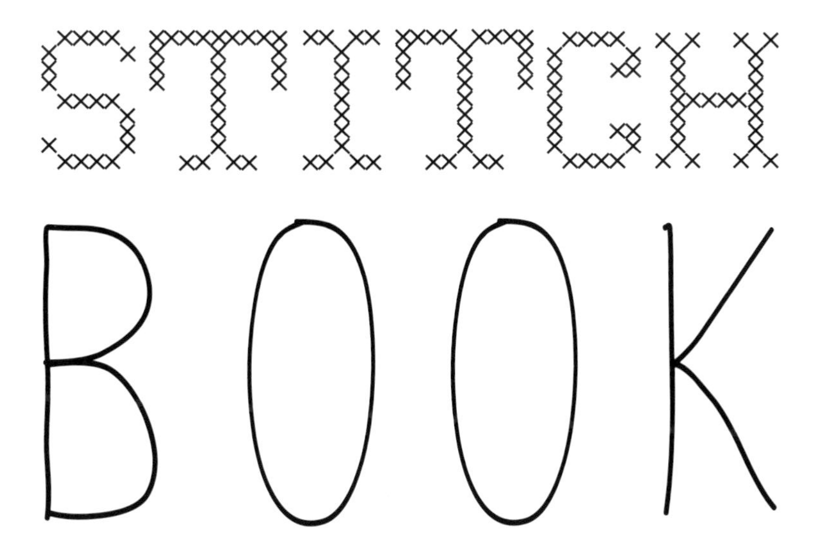

K.Blue's Embroidery

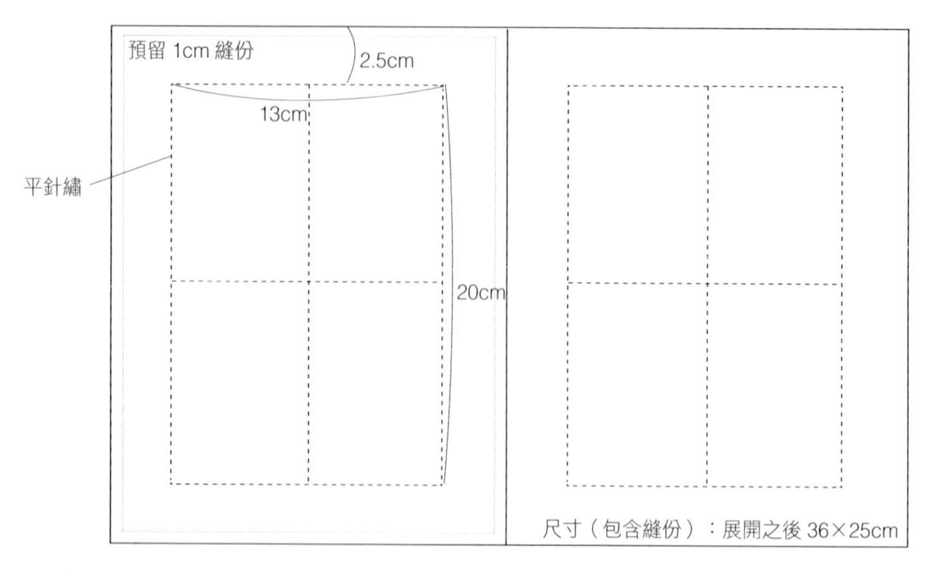

❶ 將布料裁剪成和圖示相同的尺寸，畫出分隔的線條（平針繡）之後，在格子裡繡上每一種針法。（本書示範的針法書共準備了三片布作為內頁）

❷ 把正面和正面朝內互相對齊，預留一個開口不要縫合（如圖示的灰色處），將其他部分沿著邊緣縫一圈。

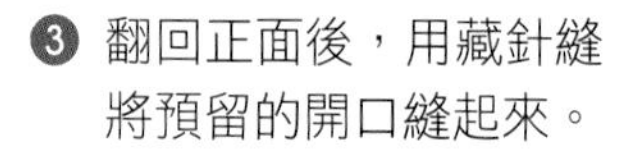

❸ 翻回正面後，用藏針縫將預留的開口縫起來。

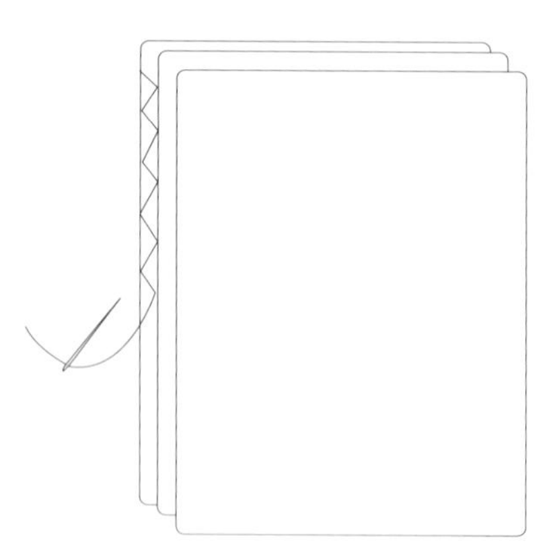

❹ 其餘兩片布也用同樣的方法完成。針法書前後共六頁，總計有三面。把三面按照順序排好，用藏針縫從側邊縫合起來。

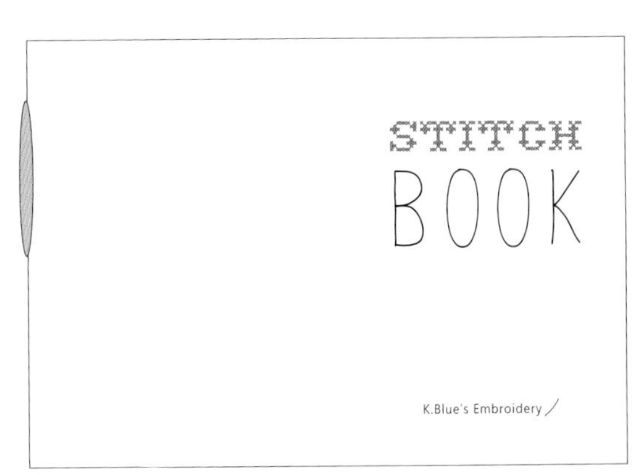

❺ 將封面攤開之後，把已經繡好的正面和當作內裏的另一片布料的正面朝內互相對齊，預留一個開口（如圖示的灰色處），將其他部分縫合。再從預留的開口將封面的正面翻出來之後，用藏針縫縫合開口。

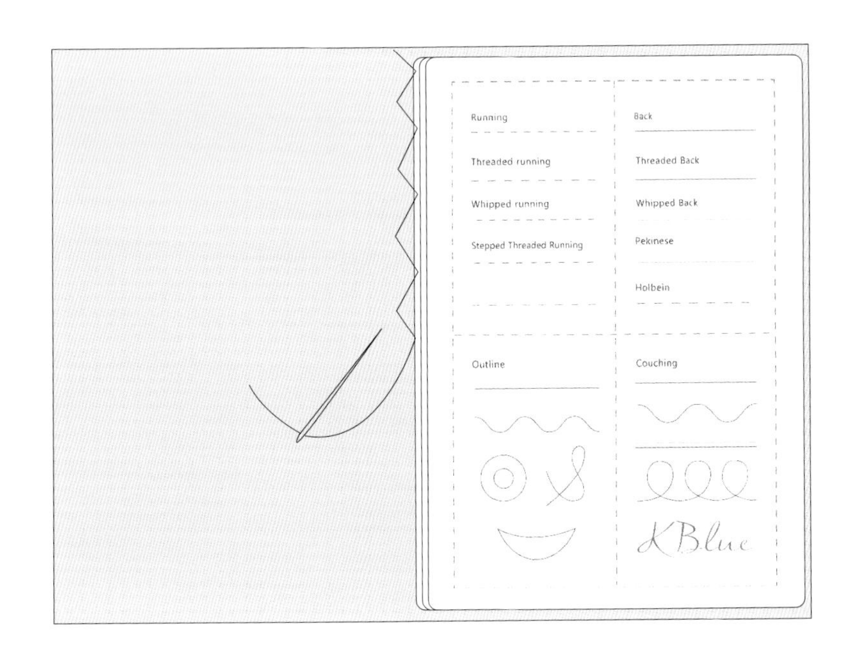

❻ 在封面內裏放上做好的三面內頁、對齊邊緣，試著合上封面確認相對位置之後，把前頁和後頁的側邊對齊封面的中心線，用藏針縫縫合即完成。

Sweet H

Work
by
K.Blue

應用不同針法
創作的刺繡作品

每個繡圖上都會分別標示使用的繡法、繡線編號和股數，其標示方式為，例如：回針繡3347(3)，3347 是指繡線編號；3 則是指繡線股數。另外，最常使用的 DMC 25 號繡線不在繡圖上另行標註，但使用其他繡線時，漸層繡線會在編號前面用 B 標示、金屬繡線用 M 標示、羊毛繡線用 W 標示、丹麥花系繡線則用 D 標示。

STITCH

K.Blue's Embroidery 01

| 繡框 |

繽紛針法圖樣

使用的繡線 DMC 25 號 繡 線：white、223、322、349、434、471、472、519、553、581、603、813、721、726、742、743、761、783、826、921、922、963、986、987、989、3347、3830、3841

使用的針法 平針繡、穿線平針繡、繞線平針繡、霍爾拜因繡、回針繡、繞線回針繡、獅子狗繡、輪廓繡、釘線繡、羊齒繡、飛鳥繡、直針繡、十字繡、雙層十字繡、平面結繡、緞面繡、自由繡、雛菊繡、雙重雛菊繡、法國結粒繡、人字繡、雙層人字繡、山形繡、雙層山形繡、捆線繡

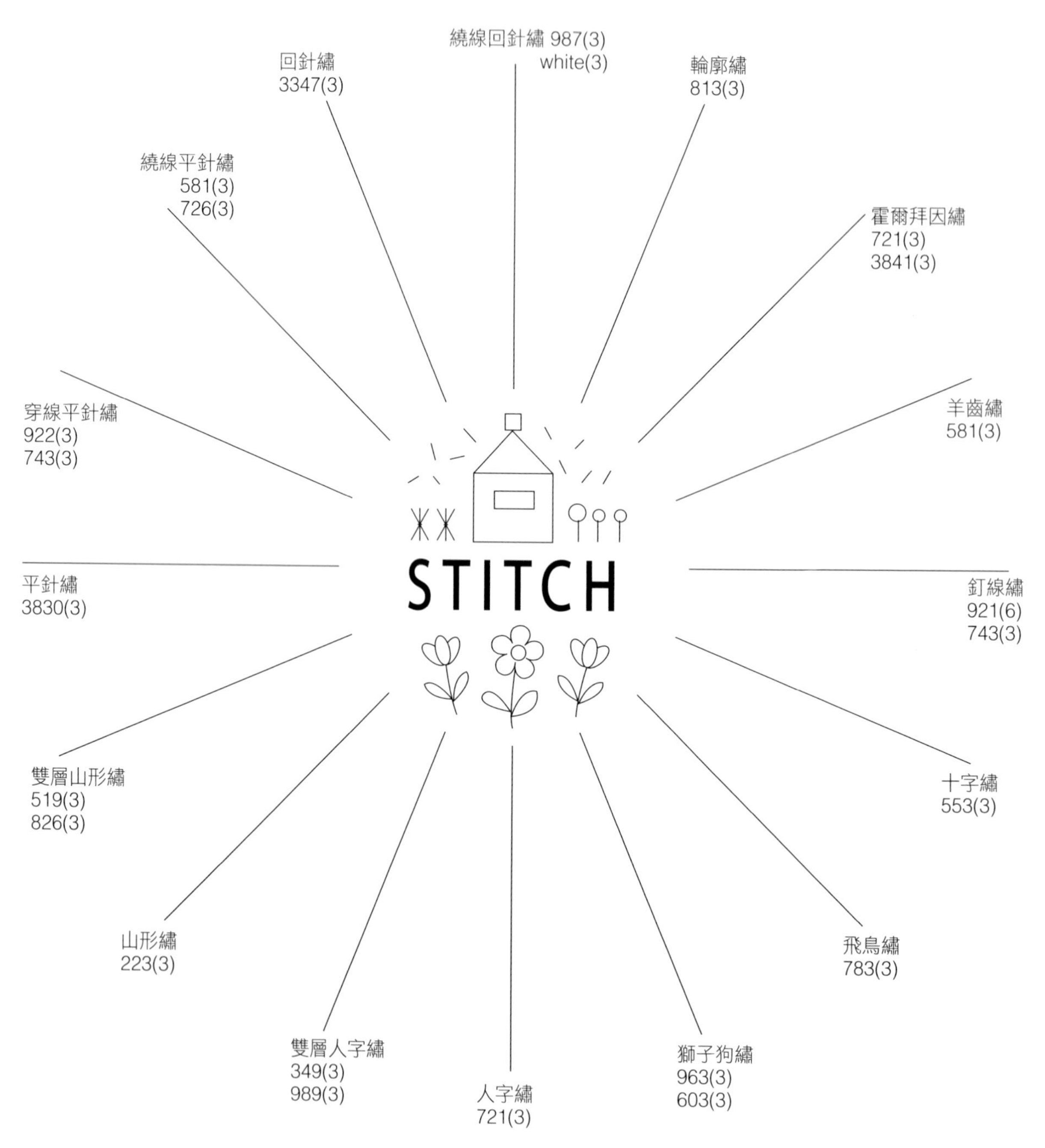

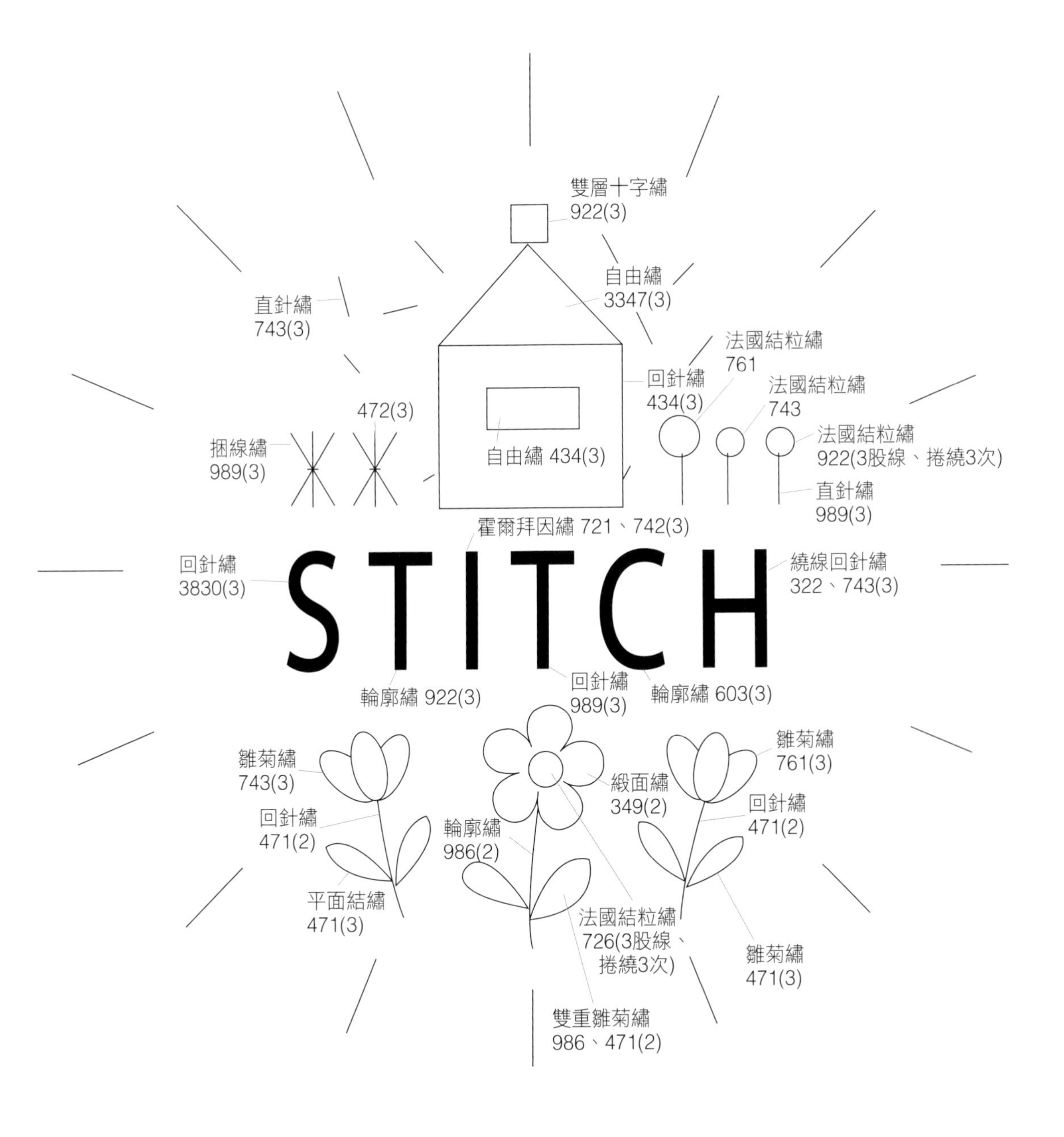
雙層十字繡
922(3)
自由繡
3347(3)
直針繡
743(3)
法國結粒繡
761
回針繡
434(3)
法國結粒繡
743
472(3)
法國結粒繡
922(3股線、捲繞3次)
捆線繡
989(3)
自由繡 434(3)
直針繡
989(3)
霍爾拜因繡 721、742(3)
回針繡
3830(3)
STITCH
繞線回針繡
322、743(3)
輪廓繡 922(3)
回針繡
989(3)
輪廓繡 603(3)
雛菊繡
743(3)
緞面繡
349(2)
雛菊繡
761(3)
回針繡
471(2)
輪廓繡
986(2)
回針繡
471(2)
平面結繡
471(3)
法國結粒繡
726(3股線、
捲繞3次)
雛菊繡
471(3)
雙重雛菊繡
986、471(2)

STITCH

實際尺寸
圖案

STITCH

K.Blue's Embroidery 02

｜手帕｜
氣質青花繡

使用的繡線 DMC 25 號繡線：803

繡線的股數 3 股線

使用的針法 輪廓繡、飛鳥繡、平面結繡、雛菊繡、法國結粒繡、捲線繡

實際尺寸
圖案

K.Blue's Embroidery 03

| 帆布袋 |

貓咪與小女孩的背影

使用的繡線 DMC 25 號繡線：3051

繡線的股數 2 股線

使用的針法 平針繡、回針繡、輪廓繡、緞面繡、雛菊繡、法國結粒繡、鎖鏈繡

實際尺寸
圖案

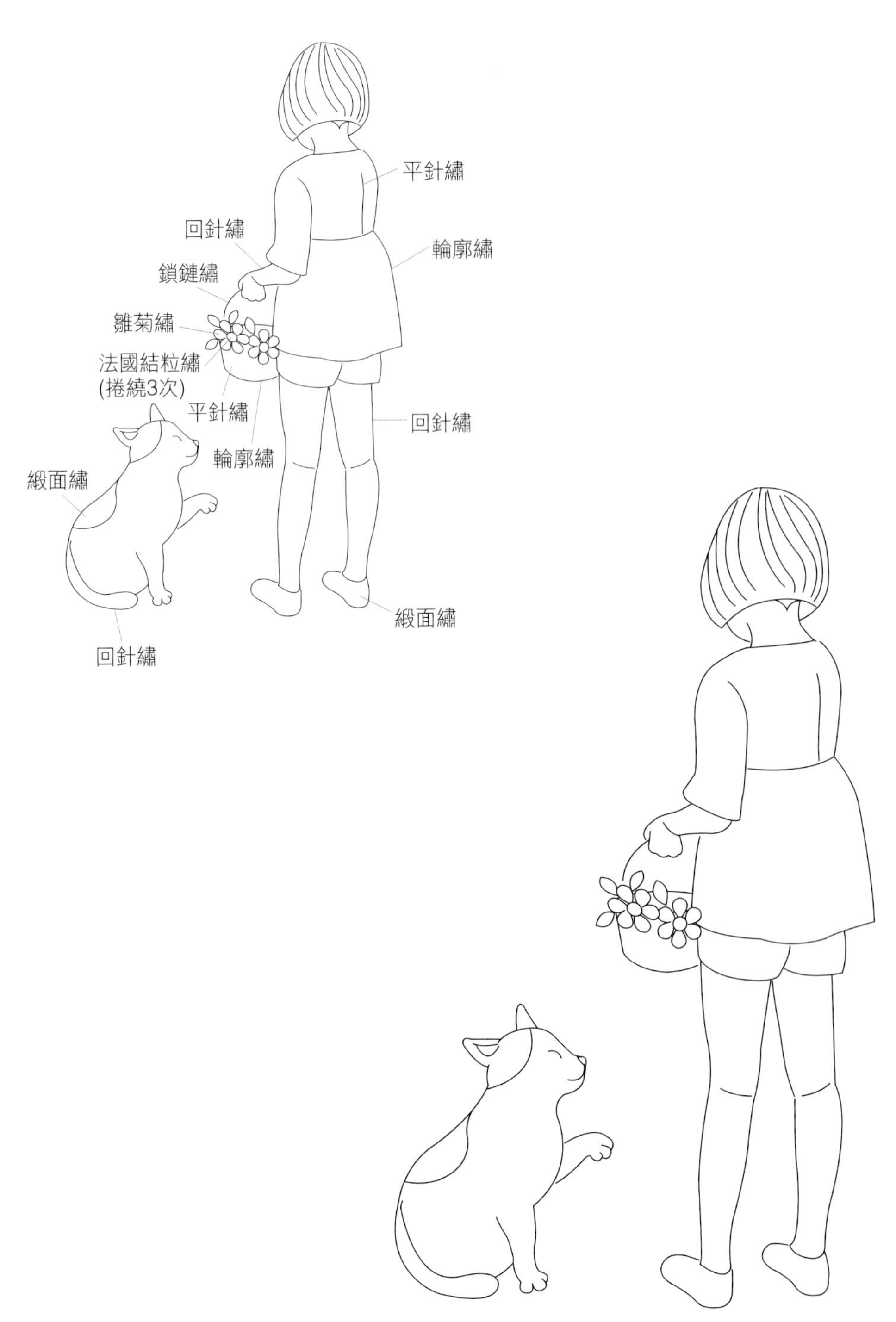
平針繡
回針繡
輪廓繡
鎖鏈繡
雛菊繡
法國結粒繡
(捲繞3次)
平針繡
回針繡
輪廓繡
緞面繡
緞面繡
回針繡

K.Blue's Embroidery 04

|繡框|

可愛紅色紋飾

使用的繡線　DMC 25 號繡線：350

繡線的股數　3 股線

使用的針法　回針繡、輪廓繡、飛鳥繡、直針繡、平面結繡、雛菊繡、法國結粒繡、鎖鏈繡、斷鎖鏈繡、半輪狀釦眼繡、單邊編織捲線繡、釘線格架繡

實際尺寸
圖案

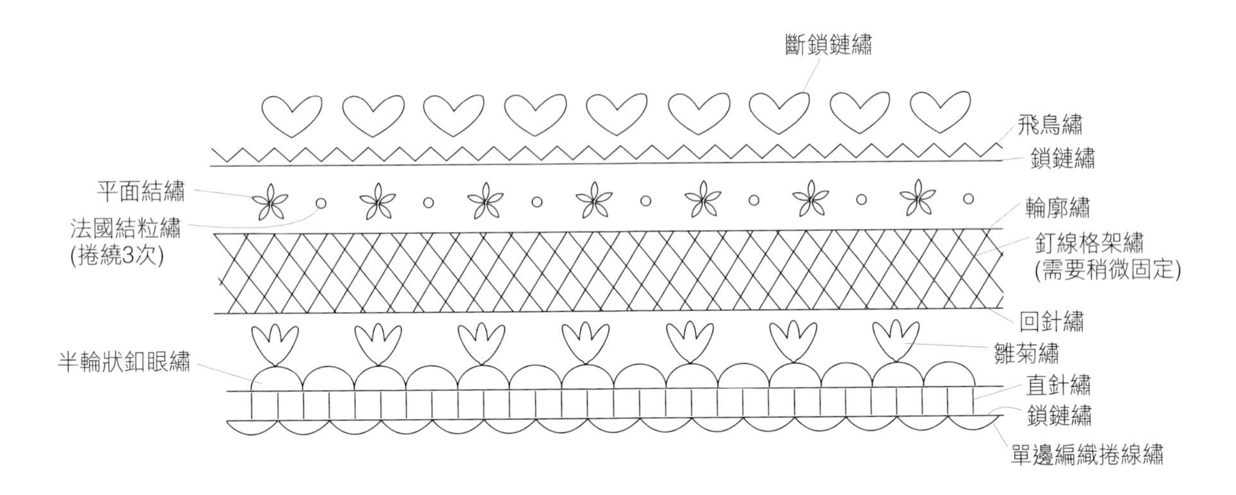
斷鎖鏈繡
飛鳥繡
鎖鏈繡
平面結繡
法國結粒繡
(捲繞3次)
輪廓繡
釘線格架繡
(需要稍微固定)
回針繡
半輪狀釦眼繡
雛菊繡
直針繡
鎖鏈繡
單邊編織捲線繡

K.Blue's Embroidery 05

| 桌布 |

朵朵小花

使用的繡線 DMC 25 號繡線：350、368、471、553、744、772、776、813、828、3853

繡線的股數 3 股線

使用的針法 平針繡、輪廓繡、緞面繡、雙重雛菊繡

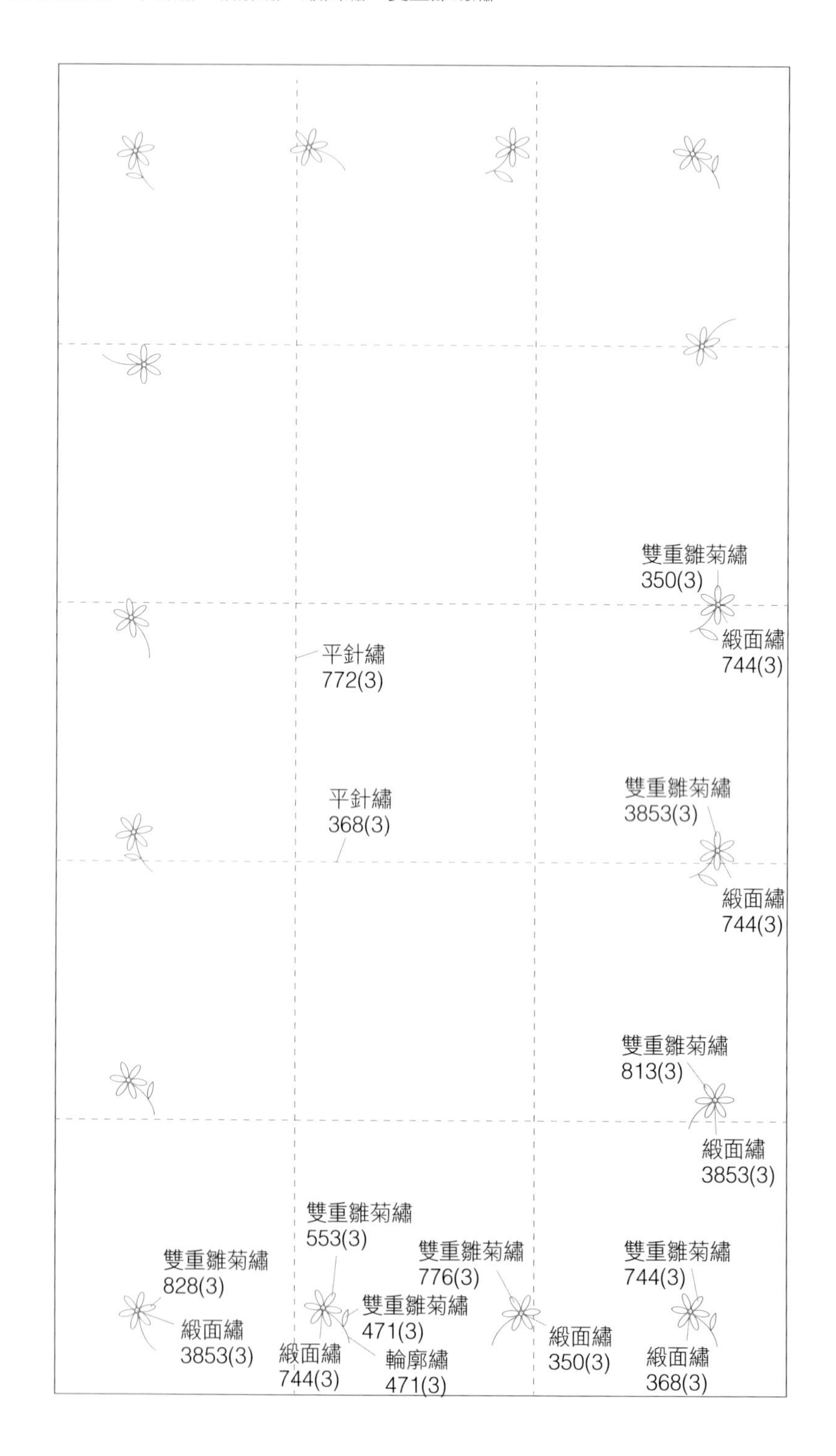

實際尺寸
圖案

將縮小的圖案放大到原始尺寸並複製的方法

換算公式：原始尺寸（%）÷縮小尺寸（%）×100
例如〉若要將縮小40%的圖案放大至原尺寸100%
→ 100（%）÷40（%）×100=250%
只要把圖片放大250%複製即可

縮小40%
圖案

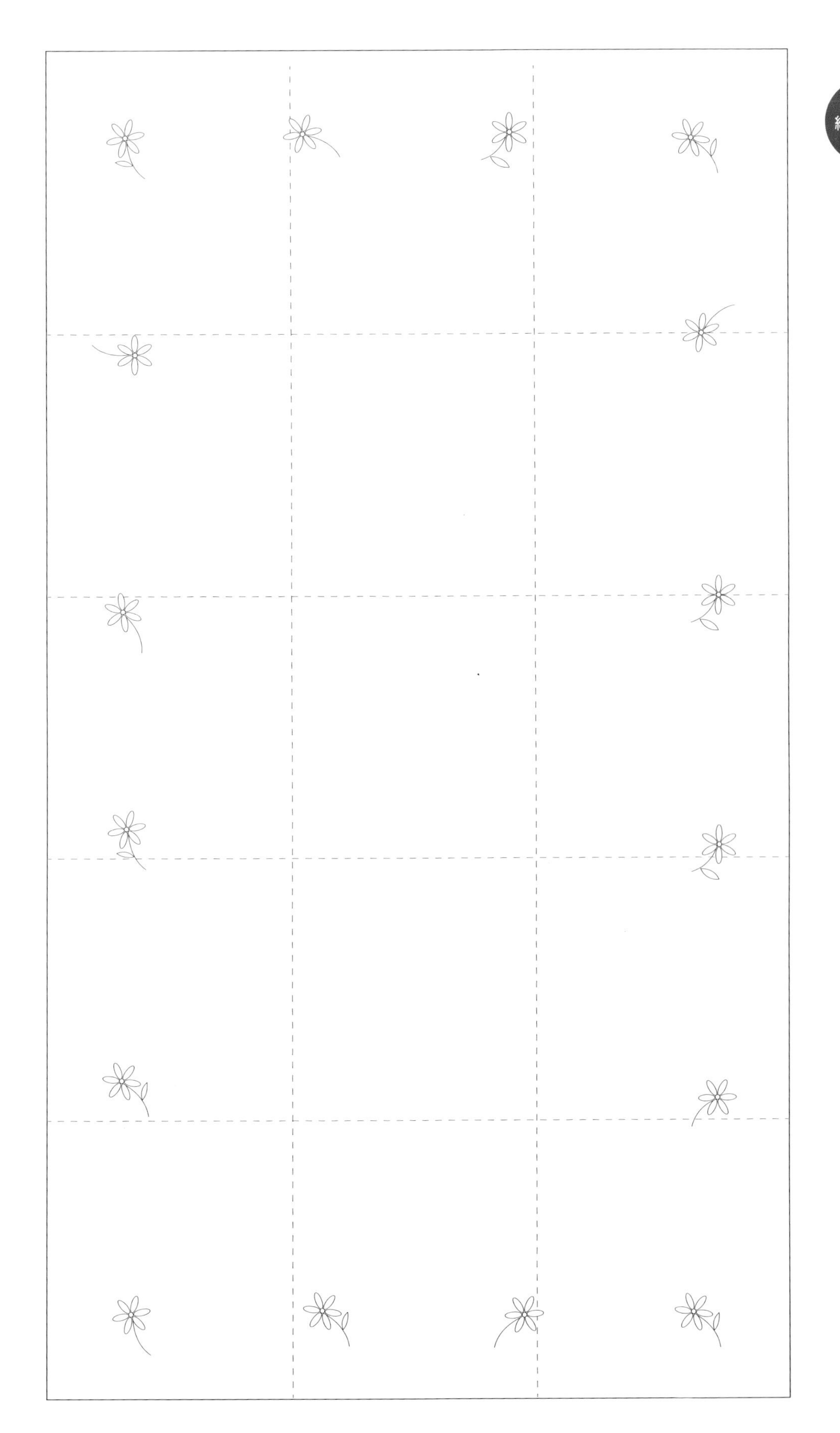

K.Blue's Embroidery 06

｜胸針｜

水邊的天鵝和花草植物

使用的繡線 DMC 25 號繡線：white、367、469、471、704、728、760、793、794、819、920、922、3347、3766、3779、3781、3865
Metallic 金屬繡線：4024
漸層繡線：4066、4122

使用的針法 平針繡、回針繡、輪廓繡、飛鳥繡、直針繡、緞面繡、自由繡、雛菊繡、法國結粒繡、鎖鏈繡、蛛網玫瑰繡、捲線繡、捲線結粒繡、捲線玫瑰繡、平面繡、漩渦繡

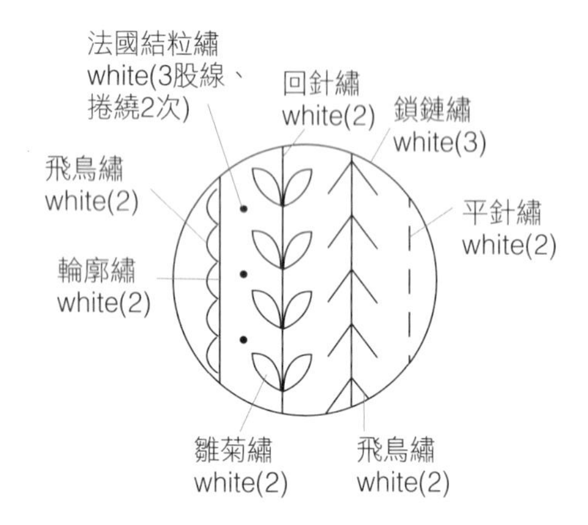

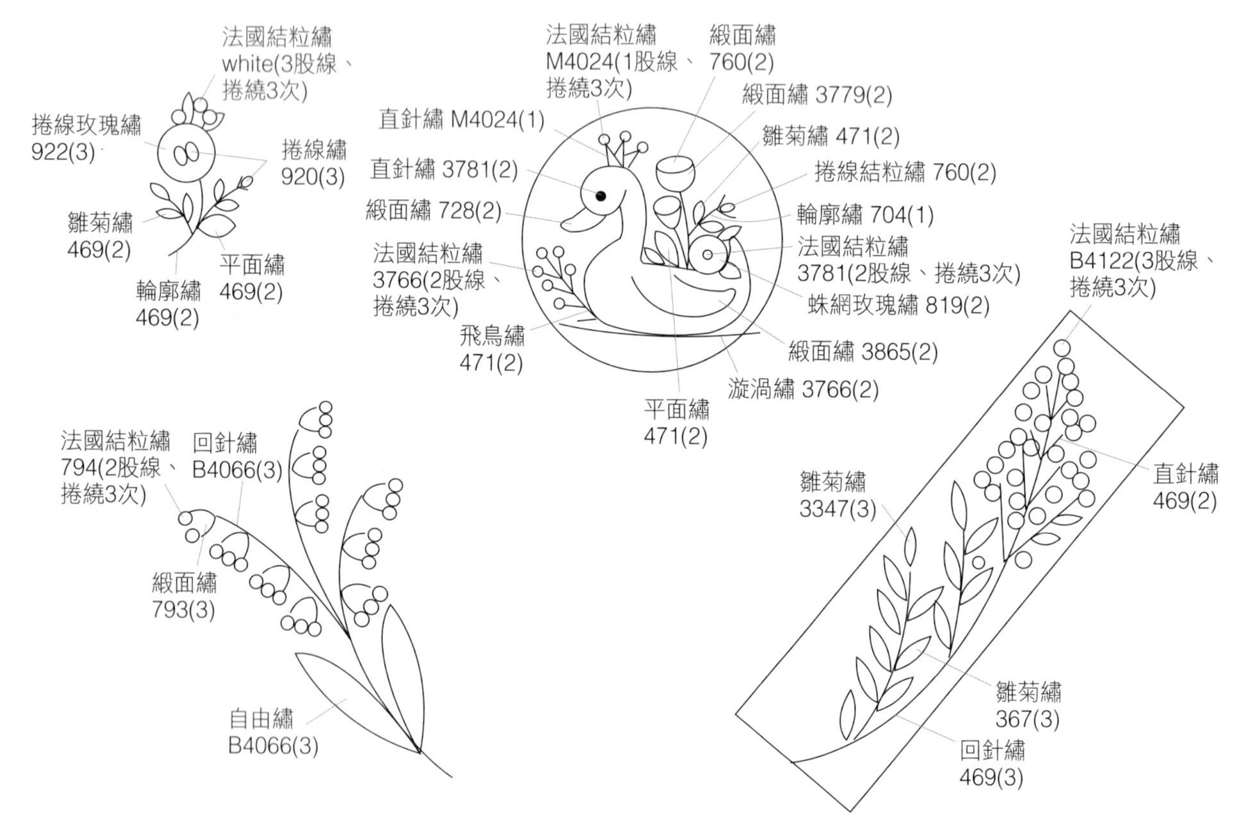

實際尺寸
圖案

yooulnamu

K.Blue's Embroidery 07

| 束口袋 |

童話風房屋和花環

使用的繡線　DMC 25 號繡線：white、301、433、435、580、640、676、712、739、744、839、904、920、976、977、3051、3053、3776、3862、3865、3881

使用的針法　回針繡、繞線回針繡、輪廓繡、飛鳥繡、直針繡、平面結繡、緞面繡、自由繡、雛菊繡、法國結粒繡、鎖鏈繡、繞線鎖鏈繡、捲線繡

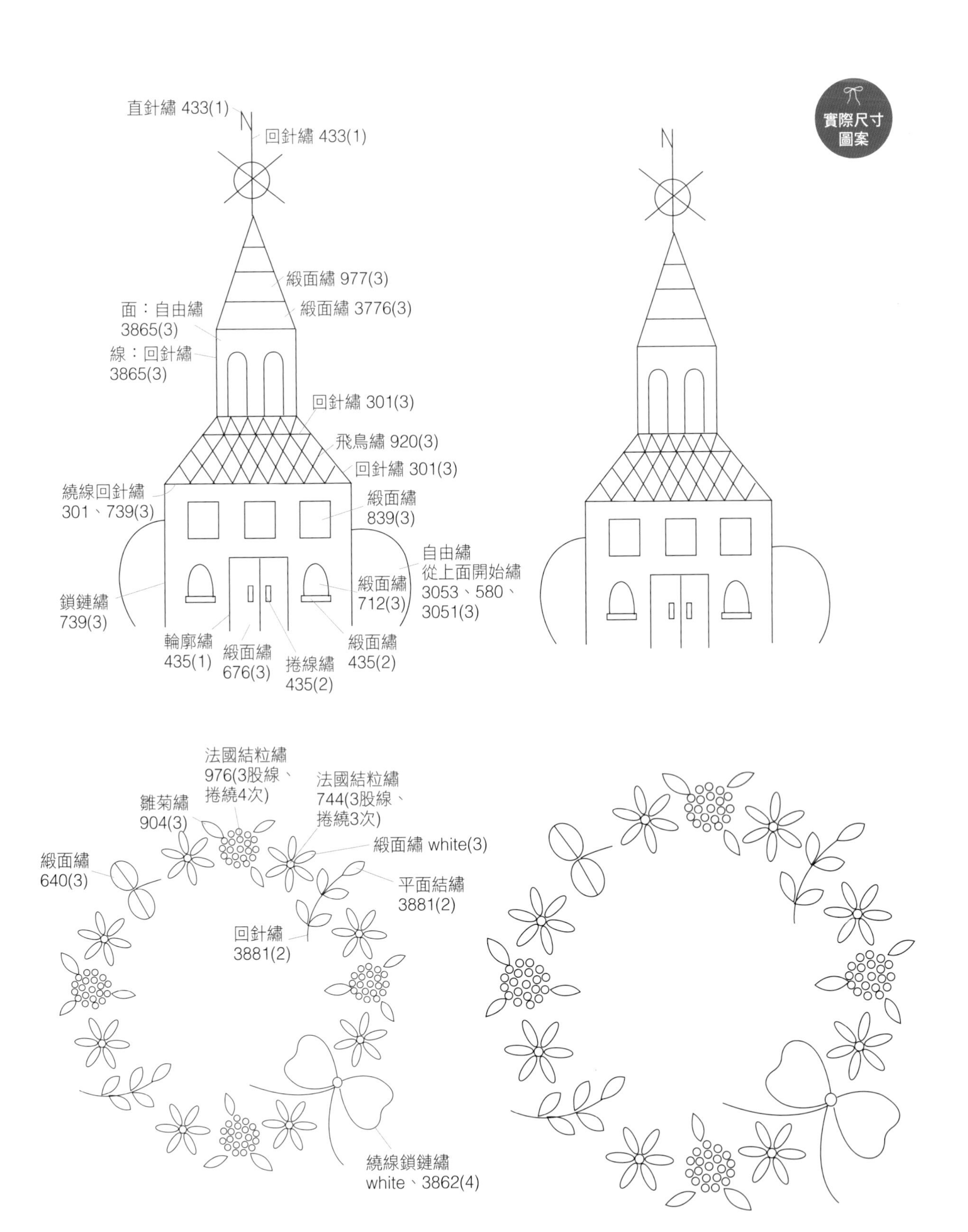
實際尺寸
圖案
直針繡 433(1)
回針繡 433(1)
緞面繡 977(3)
緞面繡 3776(3)
面：自由繡
3865(3)
線：回針繡
3865(3)
回針繡 301(3)
飛鳥繡 920(3)
回針繡 301(3)
繞線回針繡
301、739(3)
緞面繡
839(3)
自由繡
從上面開始繡
3053、580、
3051(3)
鎖鏈繡
739(3)
緞面繡
712(3)
輪廓繡
435(1)
緞面繡
676(3)
捲線繡
435(2)
緞面繡
435(2)
法國結粒繡
976(3股線、
捲繞4次)
法國結粒繡
744(3股線、
捲繞3次)
雛菊繡
904(3)
緞面繡 white(3)
緞面繡
640(3)
平面結繡
3881(2)
回針繡
3881(2)
繞線鎖鏈繡
white、3862(4)

K.Blue's Embroidery 08

| 繡框 |

簡單俐落的生活感圖樣

使用的繡線　DMC 25 號繡線：white、311、312、320、350、368、372、433、434、436、452、610、632、640、645、758、801、827、840、931、976、3031、3041、3052、3325、3362、3363、3776、3829、3863

使用的針法　平針繡、織補繡、回針繡、繞線回針繡、輪廓繡、飛鳥繡、直針繡、十字繡、緞面繡、自由繡、雛菊繡、法國結粒繡、鎖鏈繡、輪狀釦眼繡、捲線繡、捲線玫瑰繡、釘線格架繡、籃網繡

實際尺寸
圖案

自由繡 632(2)
回針繡 311(2)
雛菊繡
311(2)
平針繡 311(2)
捲線玫瑰繡 311(2)
回針繡
311(1)
輪廓繡 311(2)
回針繡 311(2)
平針繡 311(2)

回針繡
433(2)
飛鳥繡
433(2)
緞面繡
3829(2)
緞面繡
452(3)

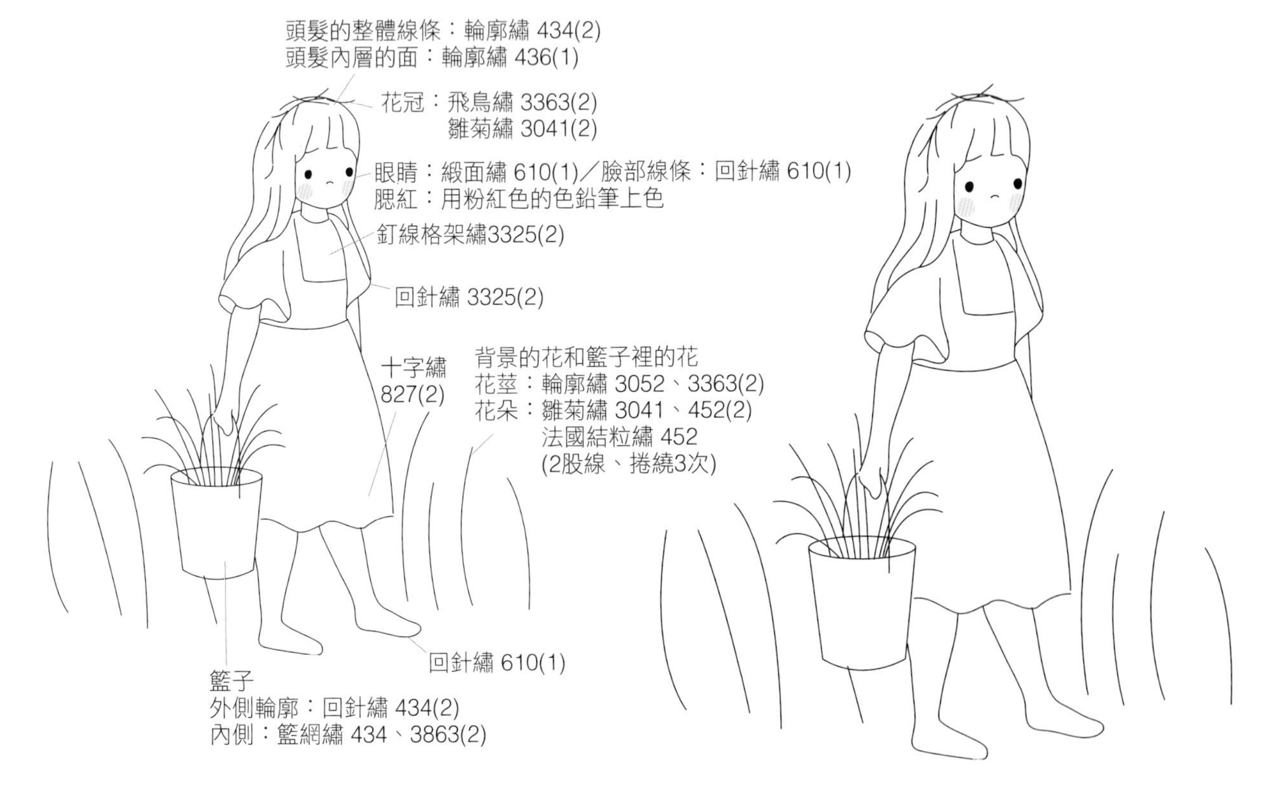
頭髮的整體線條：輪廓繡 434(2)
頭髮內層的面：輪廓繡 436(1)
花冠：飛鳥繡 3363(2)
雛菊繡 3041(2)
眼睛：緞面繡 610(1)／臉部線條：回針繡 610(1)
腮紅：用粉紅色的色鉛筆上色
釘線格架繡3325(2)
回針繡 3325(2)
十字繡
827(2)
背景的花和籃子裡的花
花莖：輪廓繡 3052、3363(2)
花朵：雛菊繡 3041、452(2)
法國結粒繡 452
(2股線、捲繞3次)
回針繡 610(1)
籃子
外側輪廓：回針繡 434(2)
內側：籃網繡 434、3863(2)

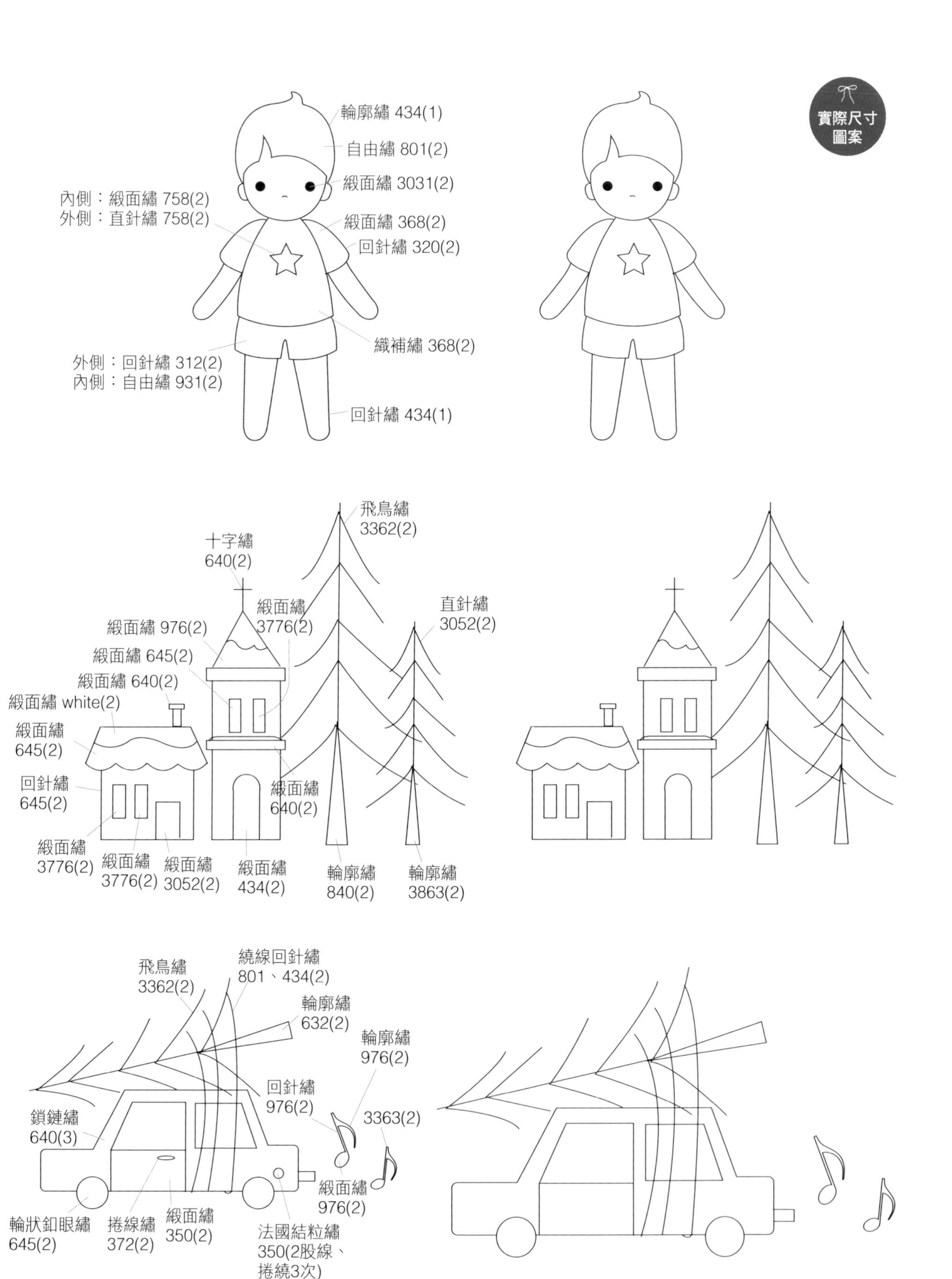

實際尺寸
圖案
輪廓繡 434(1)
自由繡 801(2)
緞面繡 3031(2)
內側：緞面繡 758(2)
外側：直針繡 758(2)
緞面繡 368(2)
回針繡 320(2)
織補繡 368(2)
外側：回針繡 312(2)
內側：自由繡 931(2)
回針繡 434(1)
飛鳥繡
3362(2)
十字繡
640(2)
緞面繡
3776(2)
直針繡
3052(2)
緞面繡 976(2)
緞面繡 645(2)
緞面繡 640(2)
緞面繡 white(2)
緞面繡
645(2)
回針繡
645(2)
緞面繡
640(2)
緞面繡
3776(2)
緞面繡
3776(2)
緞面繡
3052(2)
緞面繡
434(2)
輪廓繡
840(2)
輪廓繡
3863(2)
飛鳥繡
3362(2)
繞線回針繡
801、434(2)
輪廓繡
632(2)
輪廓繡
976(2)
回針繡
976(2)
3363(2)
鎖鏈繡
640(3)
緞面繡
976(2)
輪狀釦眼繡
645(2)
捲線繡
372(2)
緞面繡
350(2)
法國結粒繡
350(2股線、
捲繞3次)

K.Blue's Embroidery 09

| 眼鏡袋 |

蜿蜒的花草枝幹

The SHEPHERD
of the HILLS
HAROLD·BELL·WRIG

使用的繡線 DMC 25 號繡線：white、322、471、794、803、840、931、3346、3776、3881
DMC 25 號漸層繡線：4065

使用的針法 回針繡、輪廓繡、飛鳥繡、直針繡、緞面繡、長短繡、雛菊繡、法國結粒繡、雌蕊繡、德國結粒繡、平面繡

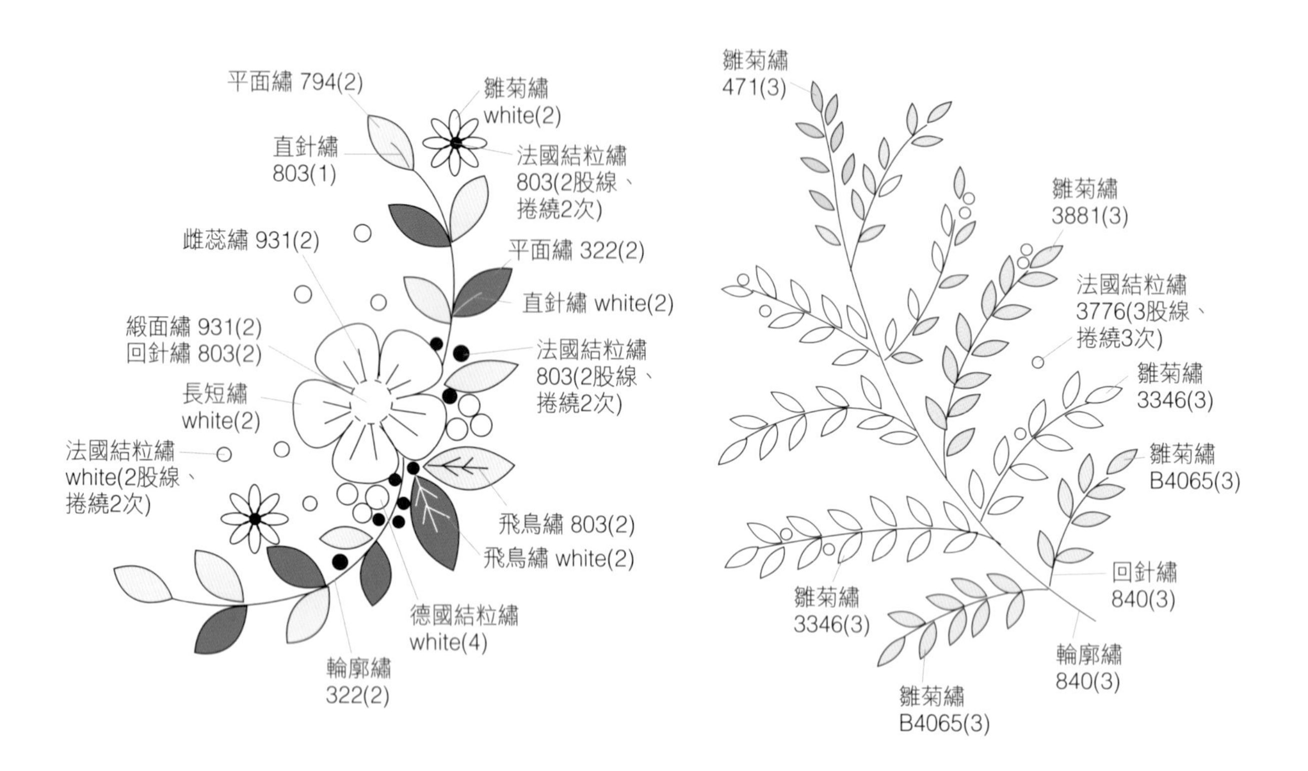

實際尺寸
圖案

Sweet Home
yosulnar

K.Blue's Embroidery 10

｜胸針・零錢包・鏡子｜
小巧精緻的圓形圖樣

使用的繡線 DMC 25 號 繡 線：white、225、351、371、436、469、470、472、519、543、676、728、734、758、778、801、922、932、963、976、3031、3776、3820、3841、3853、3862、3865、3881

DMC 25 號漸層繡線：4068

Metallic 金屬繡線：4024

丹麥花系繡線：0、21、48、212、229、302、705、727

其他材料 金色串珠、綠色串珠

使用的針法 繞線平針繡、回針繡、輪廓繡、飛鳥繡、直針繡、緞面繡、自由繡、雛菊繡、法國結粒繡、鎖鏈繡、蛛網玫瑰繡、捲線玫瑰繡、葉形繡

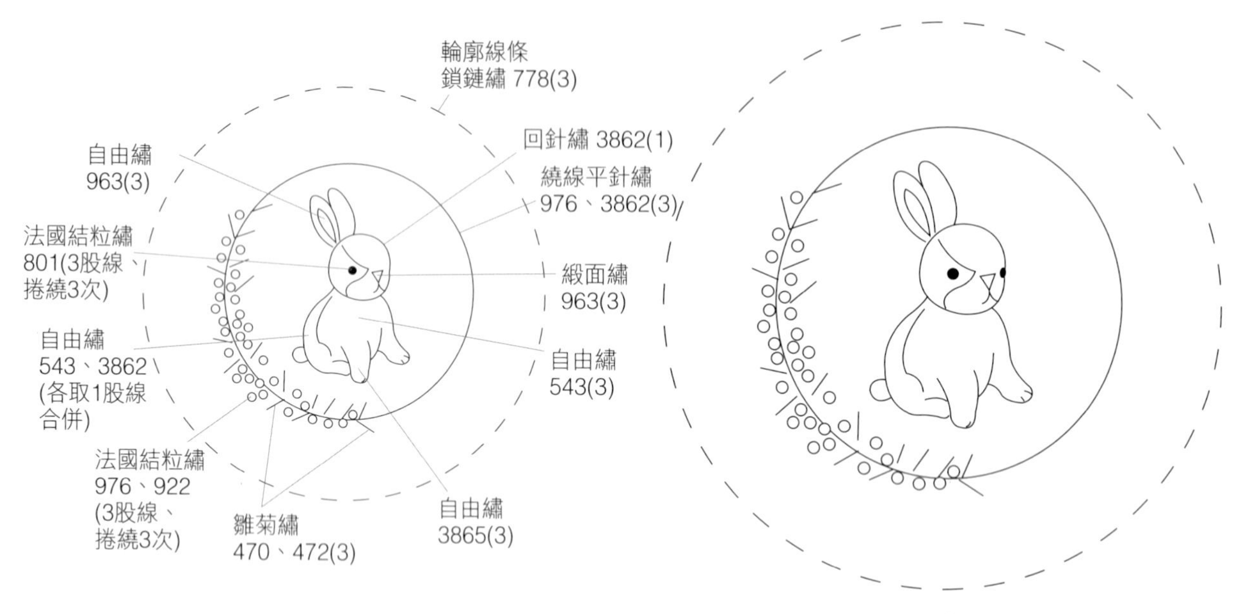

7.5cm 馬卡龍零錢包

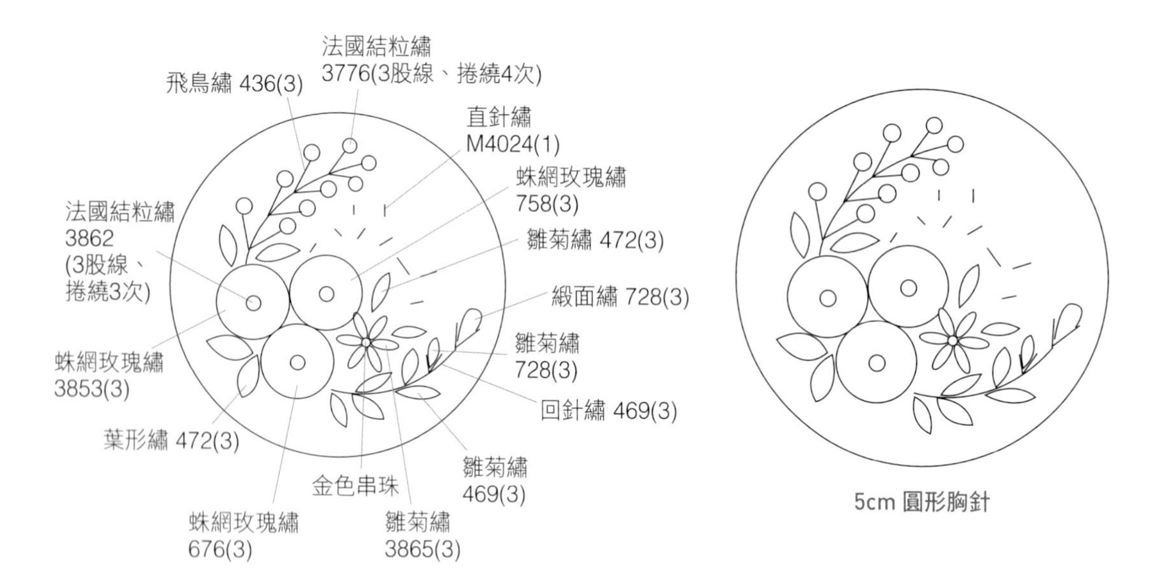

5cm 圓形胸針

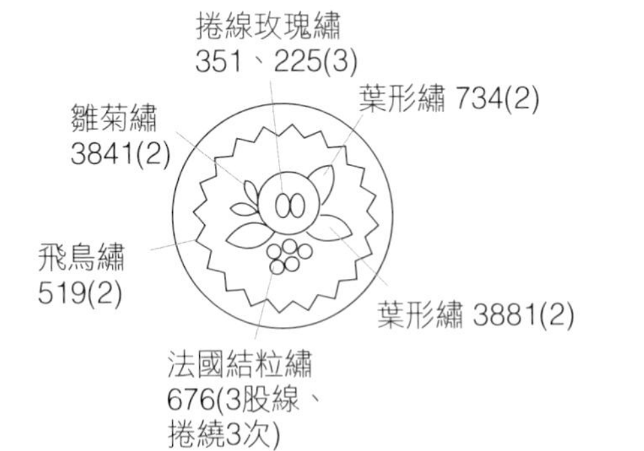

包包掛勾

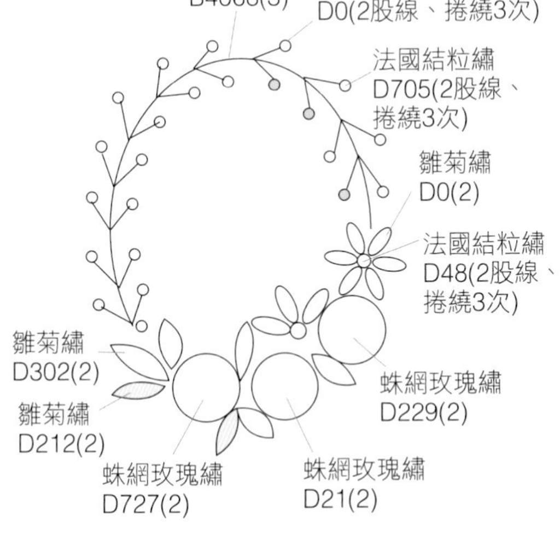

雙面鏡子

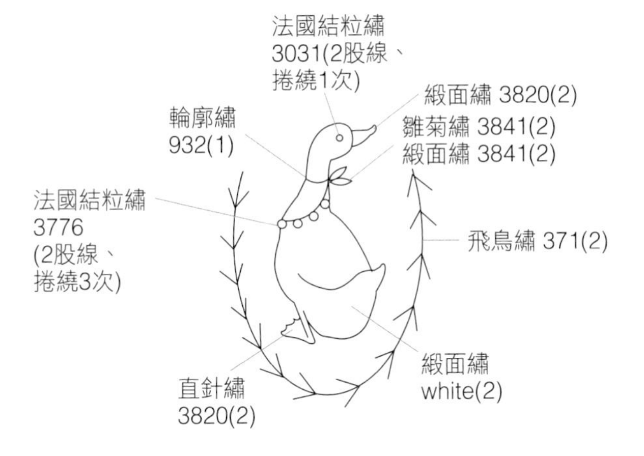

橢圓形胸針

K.Blue's Embroidery 11

| 提袋 |

小鴨和花束

使用的繡線

DMC 25 號繡線：white、469、598、743、827、839、921、922、977、3031、3041、3042、3364、3820

羊毛繡線：992

使用的針法

回針繡、輪廓繡、釘線繡、飛鳥繡、緞面繡、雛菊繡、法國結粒繡、德國結粒繡、捲線繡、捲線雛菊繡、漩渦繡、單邊編織捲線繡

實際尺寸
圖案

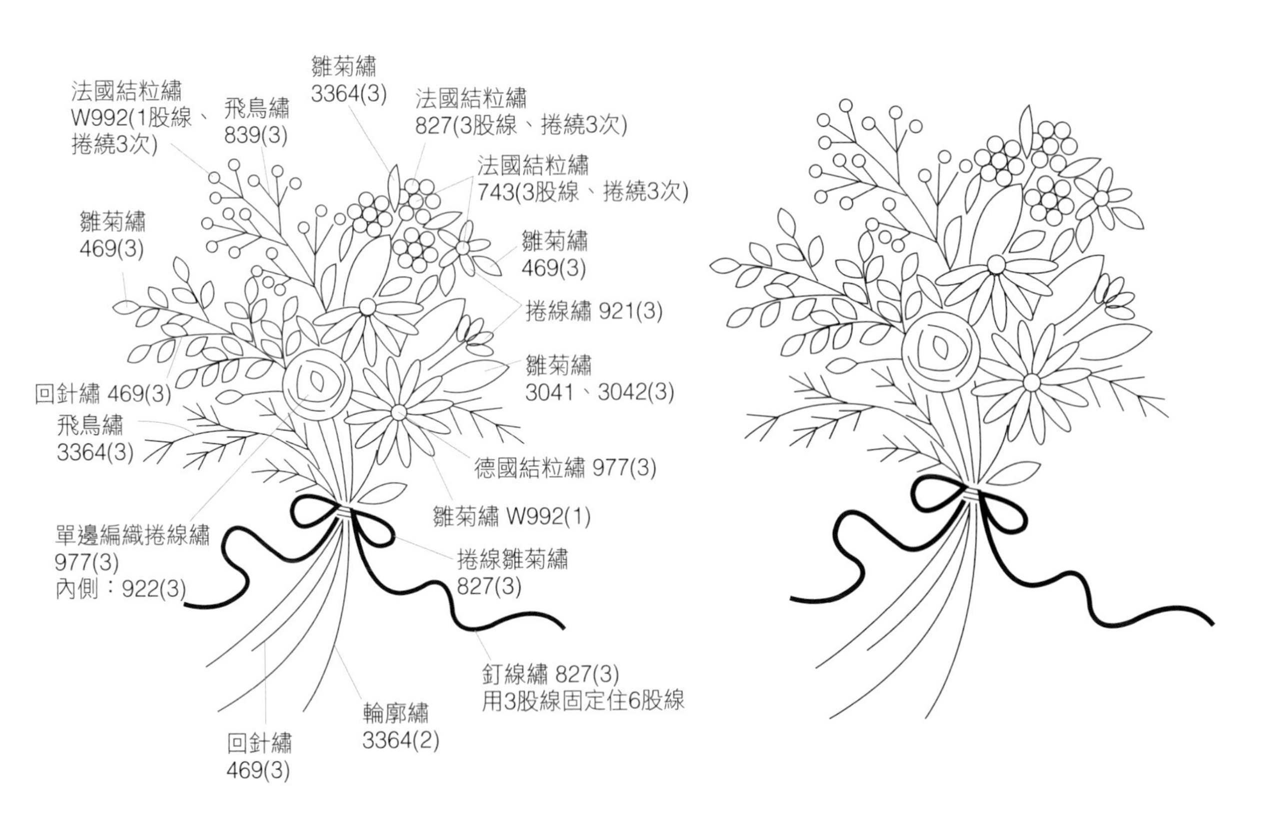
雛菊繡
3364(3)
法國結粒繡
W992(1股線、
捲繞3次)
飛鳥繡
839(3)
法國結粒繡
827(3股線、捲繞3次)
法國結粒繡
743(3股線、捲繞3次)
雛菊繡
469(3)
雛菊繡
469(3)
捲線繡 921(3)
雛菊繡
3041、3042(3)
回針繡 469(3)
飛鳥繡
3364(3)
德國結粒繡 977(3)
雛菊繡 W992(1)
單邊編織捲線繡
977(3)
內側：922(3)
捲線雛菊繡
827(3)
釘線繡 827(3)
用3股線固定住6股線
輪廓繡
3364(2)
回針繡
469(3)

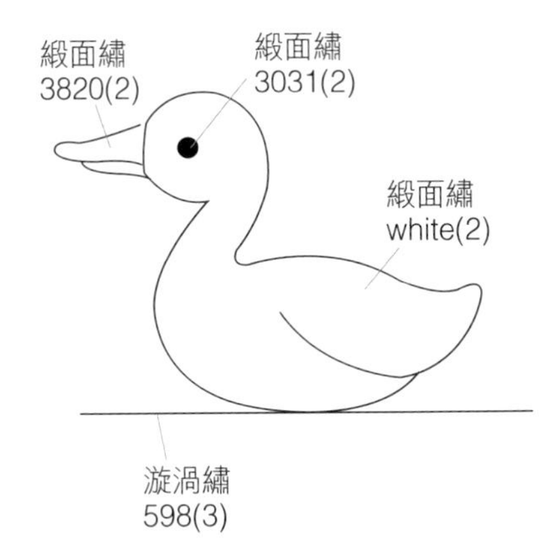
緞面繡
3820(2)
緞面繡
3031(2)
緞面繡
white(2)
漩渦繡
598(3)

Summer Fruit
STITCH
NEEDLE
Needle

K.Blue's Embroidery 12

| 針線收納包・針插 |

繽紛花環和甜蜜水果

使用的繡線　DMC 25 號繡線：white、210、320、340、349、350、351、367、435、437、471、554、610、611、738、742、743、744、761、776、813、816、827、904、922、935、977、989、3041、3348、3364、3371、3712、3790、3822、3836、3862、3865、3888

DMC 25 號漸層繡線：4237

使用的針法　回針繡、繞線回針繡、輪廓繡、飛鳥繡、直針繡、水磨坊花形繡、平面結繡、緞面繡、長短繡、自由繡、雛菊繡、法國結粒繡、鎖鏈繡、雙色交替鎖鏈繡、釦眼繡、輪狀釦眼繡、半輪狀釦眼繡、捲線繡、捲線雛菊繡、葉形繡、人字繡、立體葉形繡

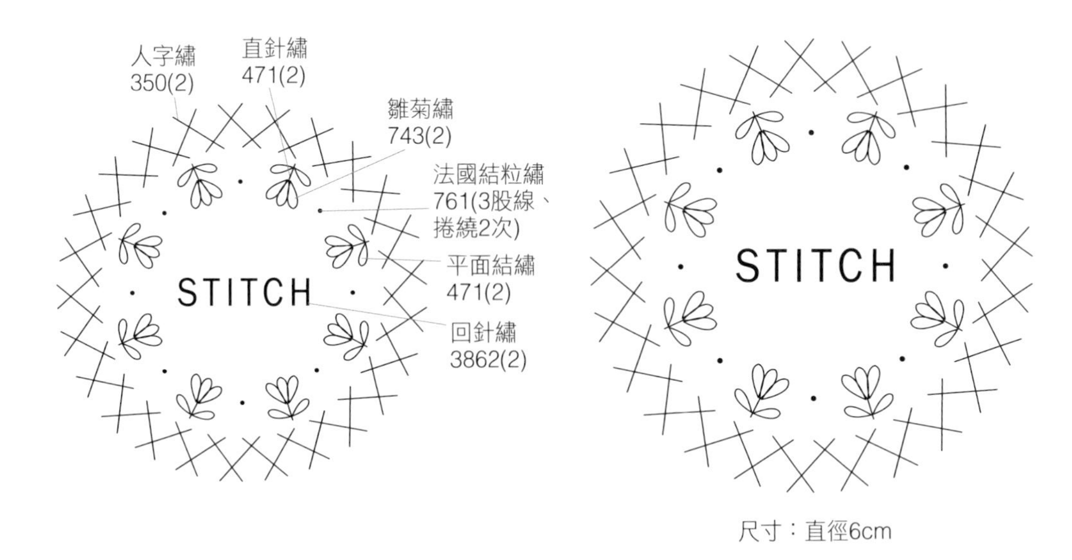

尺寸：直徑6cm

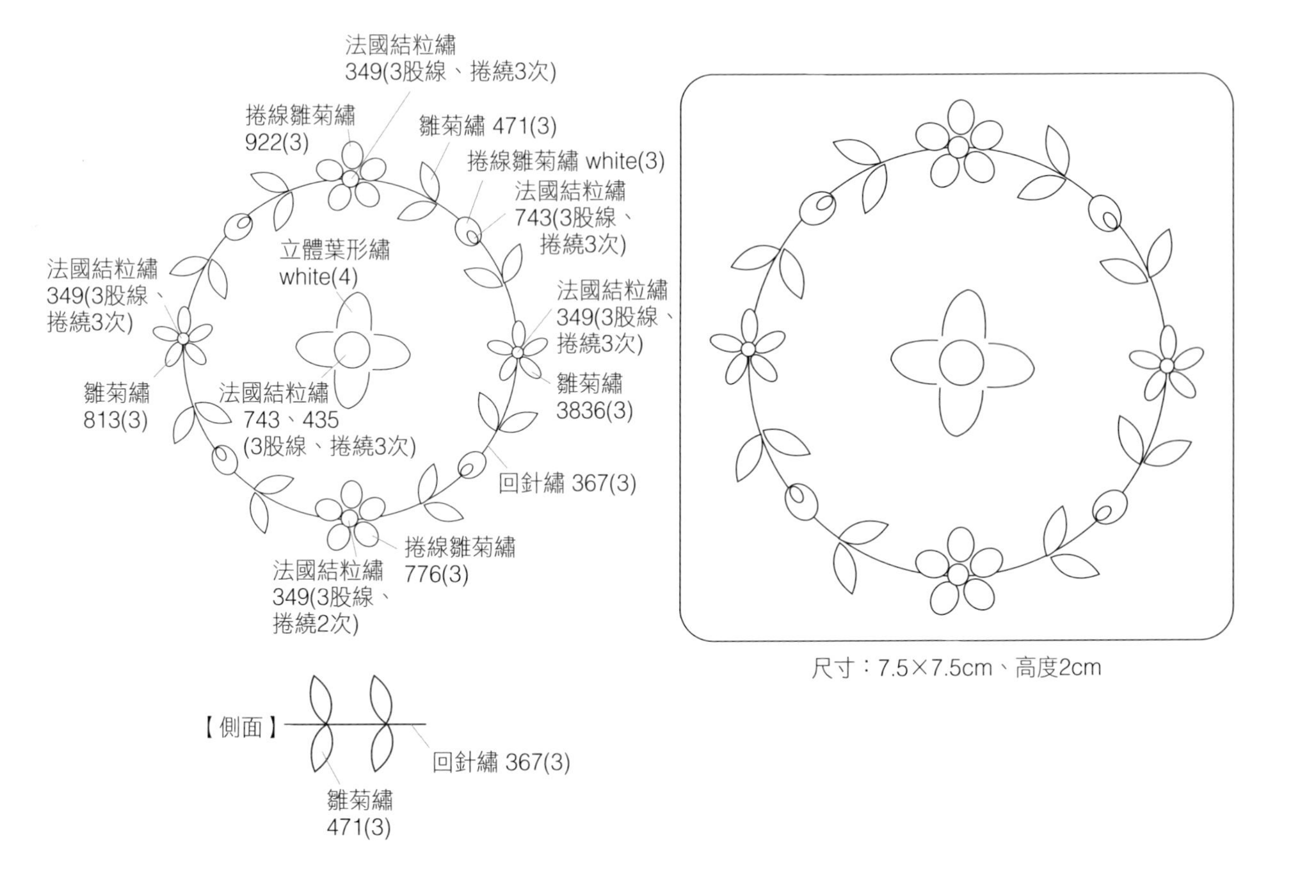

尺寸：7.5×7.5cm、高度2cm

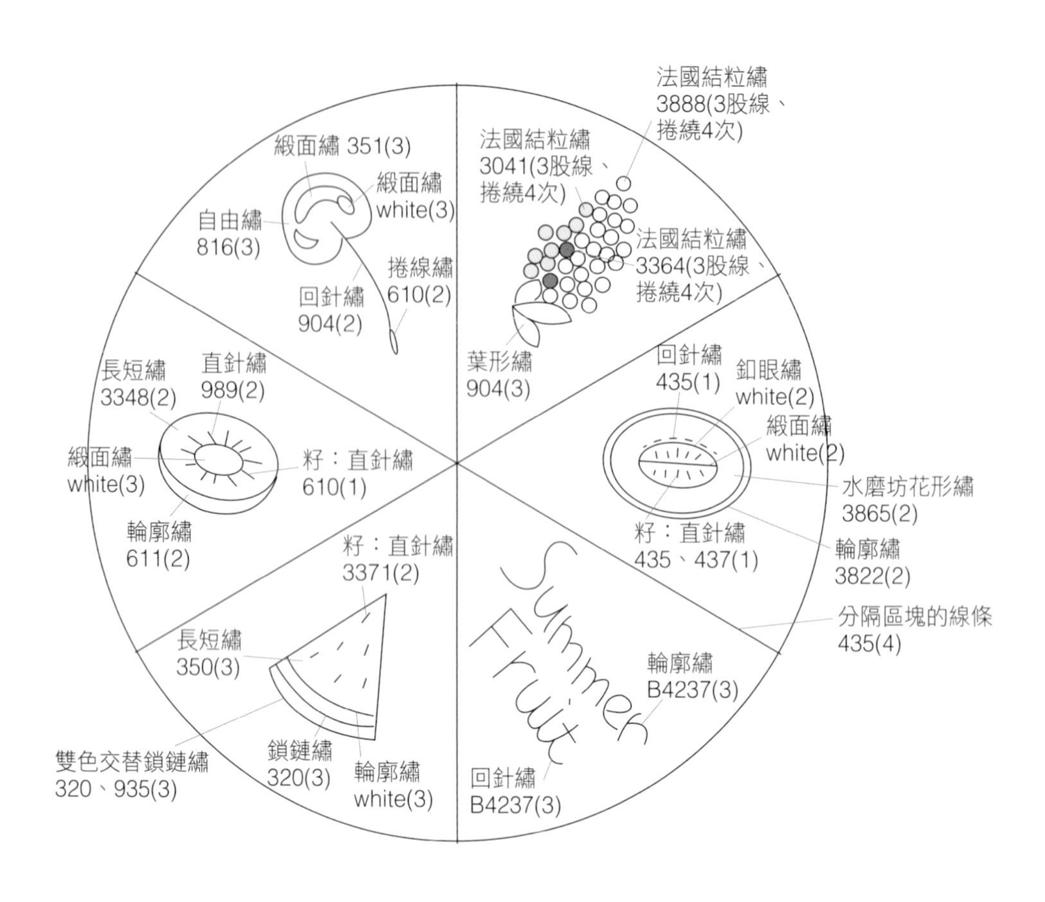
緞面繡 351(3)
緞面繡
white(3)
自由繡
816(3)
捲線繡
610(2)
回針繡
904(2)
法國結粒繡
3888(3股線、
捲繞4次)
法國結粒繡
3041(3股線、
捲繞4次)
法國結粒繡
3364(3股線、
捲繞4次)
葉形繡
904(3)
長短繡
3348(2)
直針繡
989(2)
緞面繡
white(3)
籽：直針繡
610(1)
輪廓繡
611(2)
回針繡
435(1)
釦眼繡
white(2)
緞面繡
white(2)
水磨坊花形繡
3865(2)
籽：直針繡
435、437(1)
輪廓繡
3822(2)
籽：直針繡
3371(2)
長短繡
350(3)
雙色交替鎖鏈繡
320、935(3)
鎖鏈繡
320(3)
輪廓繡
white(3)
Summer
Fruit
輪廓繡
B4237(3)
回針繡
B4237(3)
分隔區塊的線條
435(4)

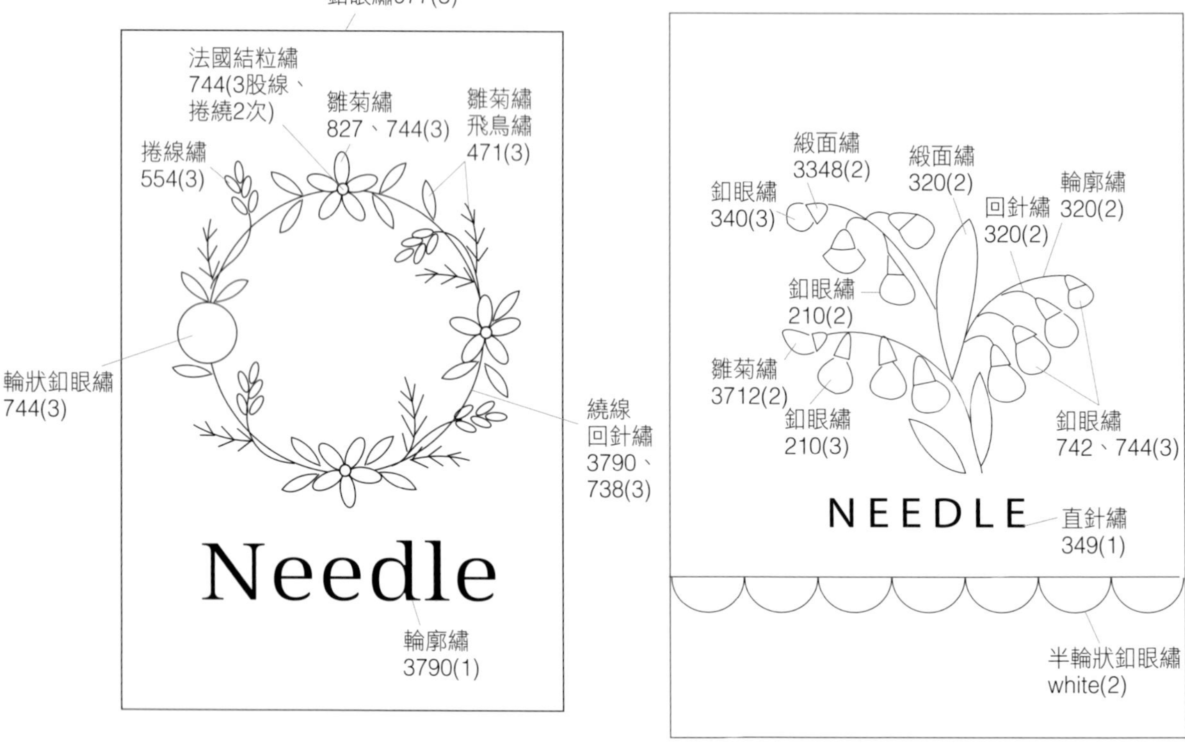
釦眼繡977(3)
法國結粒繡
744(3股線、
捲繞2次)
雛菊繡
827、744(3)
雛菊繡
飛鳥繡
471(3)
捲線繡
554(3)
輪狀釦眼繡
744(3)
繞線
回針繡
3790、
738(3)
Needle
輪廓繡
3790(1)
緞面繡
3348(2)
緞面繡
320(2)
輪廓繡
320(2)
釦眼繡
340(3)
回針繡
320(2)
釦眼繡
210(2)
雛菊繡
3712(2)
釦眼繡
210(3)
釦眼繡
742、744(3)
NEEDLE
直針繡
349(1)
半輪狀釦眼繡
white(2)

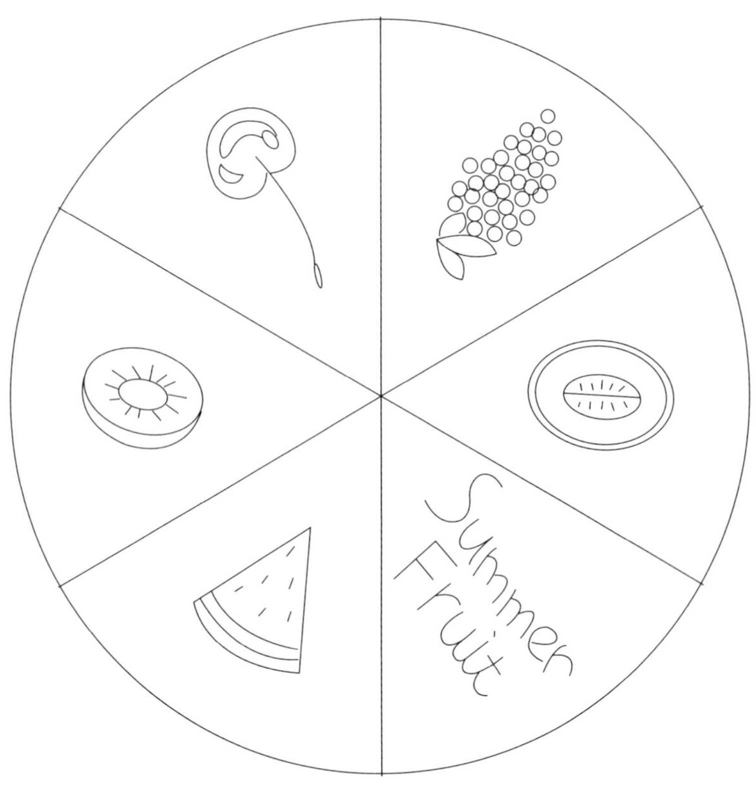

尺寸：圓圈直徑10cm

尺寸：9×6cm

尺寸：9.5×7cm

K.Blue's Embroidery 13

｜裝飾布｜

花雨紛飛的日子

使用的繡線 DMC 25 號繡線：white、162、224、434、471、610、646、726、730、744、778、780、801、813、932、977、3041、3042、3354、3740、3776、3821、3862

使用的針法 平針繡、織補繡、回針繡、輪廓繡、緞面繡、雛菊繡、法國結粒繡、鎖鏈繡

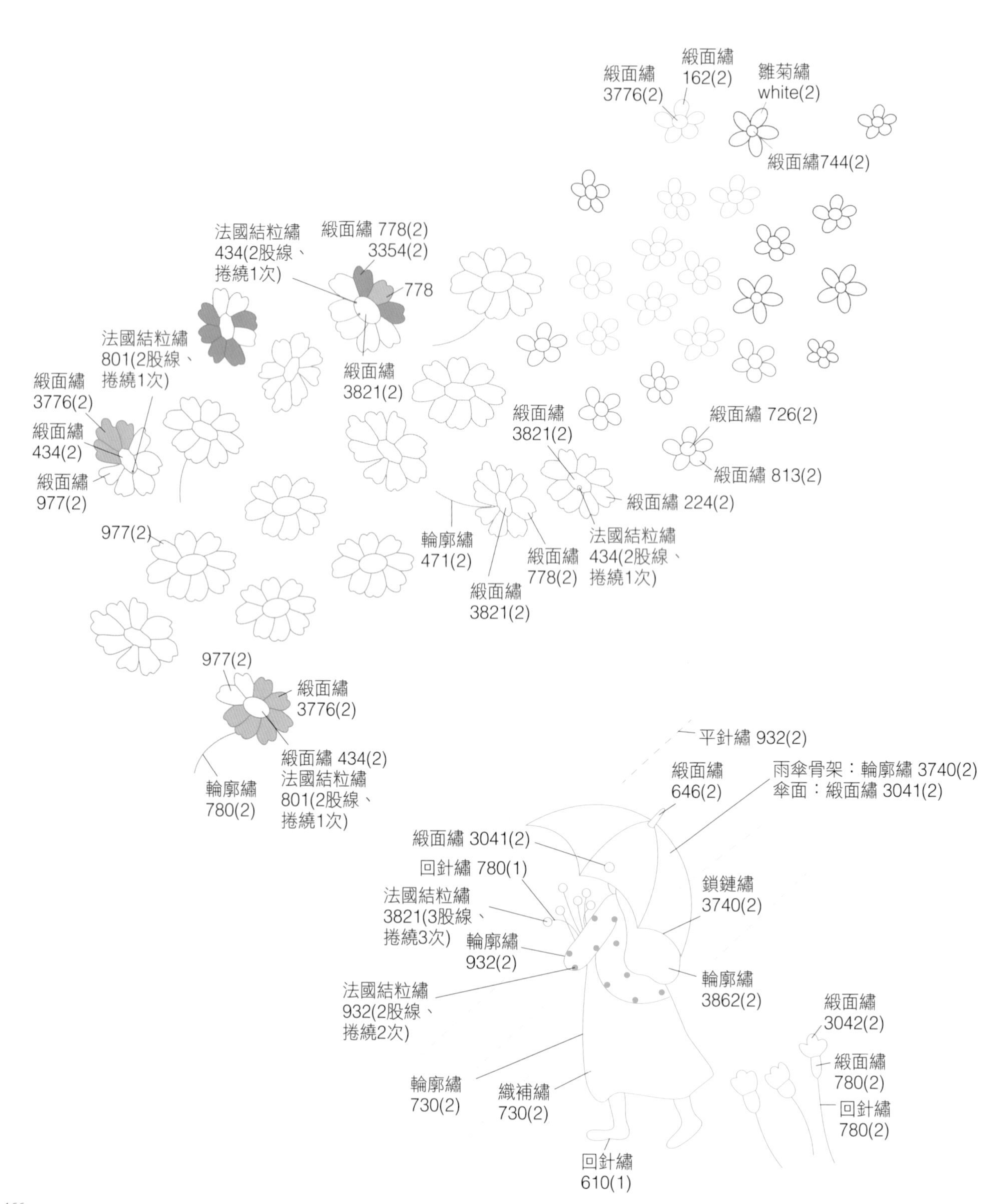

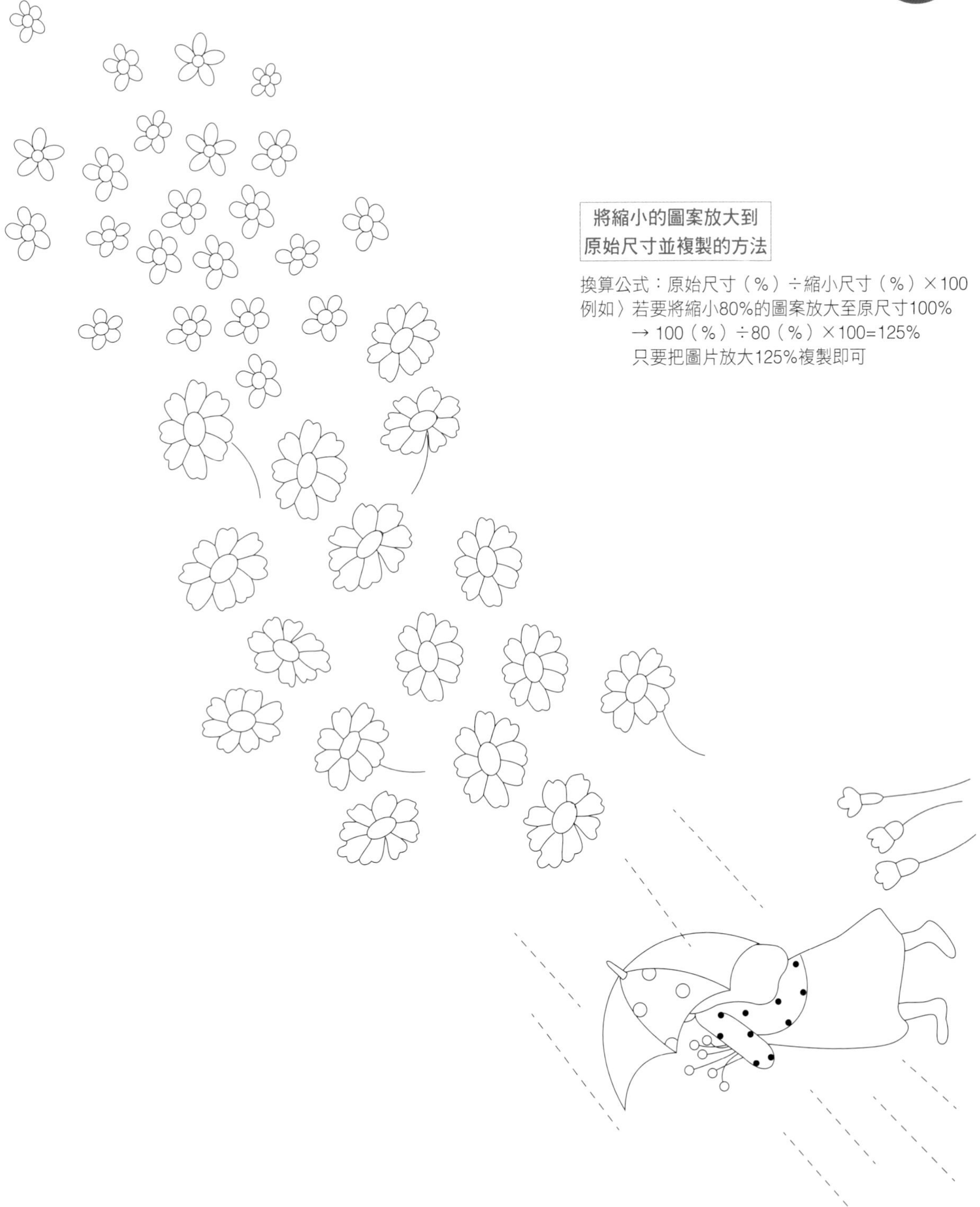

將縮小的圖案放大到原始尺寸並複製的方法

換算公式：原始尺寸（%）÷縮小尺寸（%）×100
例如〉若要將縮小80%的圖案放大至原尺寸100%
→ 100（%）÷80（%）×100=125%
只要把圖片放大125%複製即可

2017 K.Blue

K.Blue's Embroidery 14

| 書衣 |

純白花邊紋飾

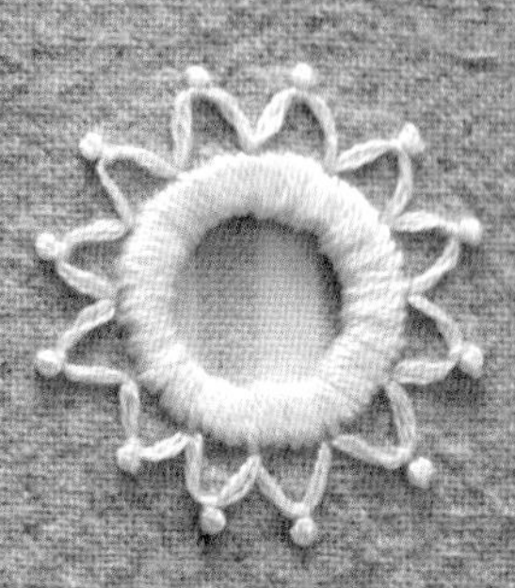

使用的繡線 DMC 25 號繡線：white

繡線的股數 3 股線（有另外標記者除外）

使用的針法 平針繡、穿線回針繡、獅子狗繡、輪廓繡、飛鳥繡、直針繡、十字繡、針眼繡、平面結繡、雛菊繡、俄羅斯鎖鏈繡、法國結粒繡、德國結粒繡、纜繩繡、鎖鏈繡、纜繩鎖鏈繡、匈牙利髮辮鎖鏈繡、封閉型羽毛繡、釦眼繡、封閉型釦眼繡、圖形釦眼繡、輪狀釦眼繡、半輪狀釦眼繡、捲線結粒繡、髮辮繡、捆線繡、籃網繡、對稱編織捲線繡

實際尺寸
圖案

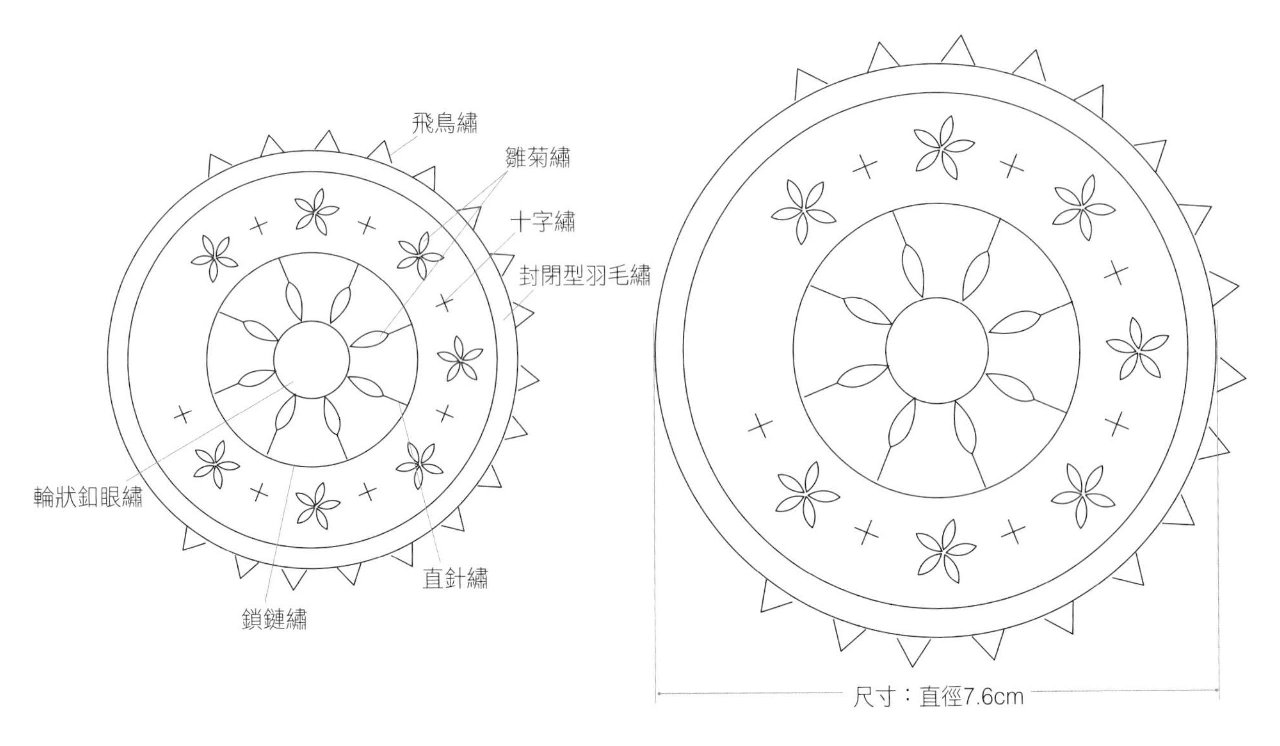
飛鳥繡
雛菊繡
十字繡
封閉型羽毛繡
輪狀釦眼繡
直針繡
鎖鏈繡
尺寸：直徑7.6cm

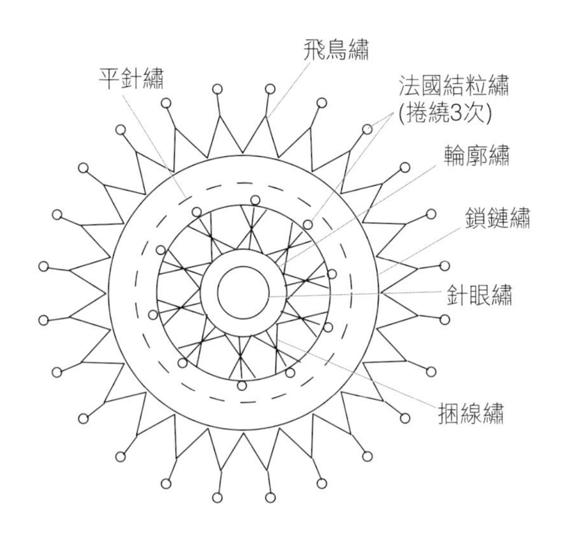
飛鳥繡
平針繡
法國結粒繡
(捲繞3次)
輪廓繡
鎖鏈繡
針眼繡
捆線繡

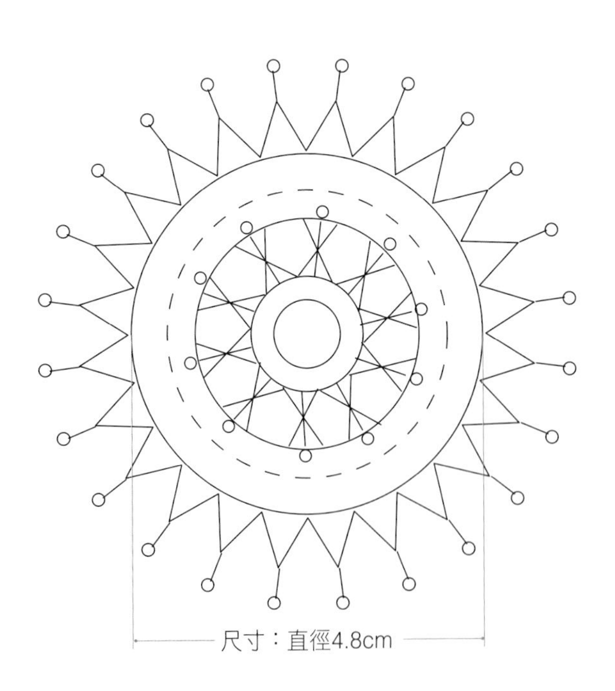
尺寸：直徑4.8cm

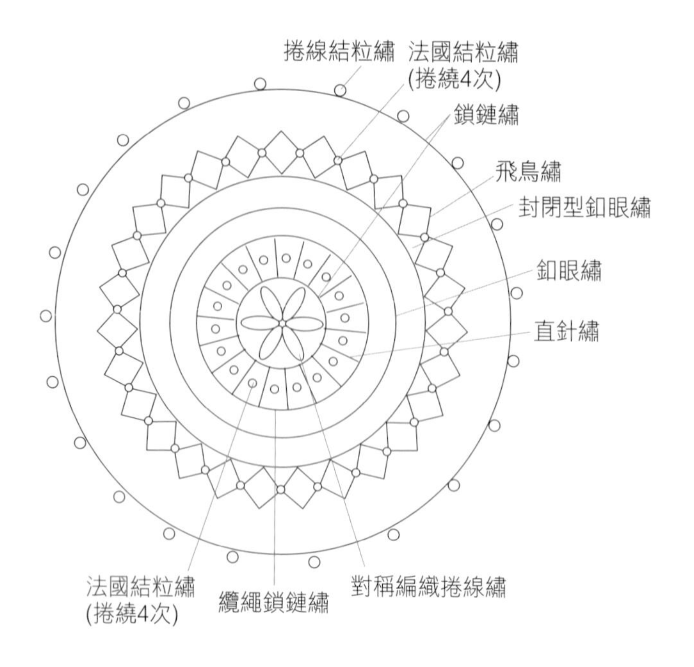
捲線結粒繡
法國結粒繡
(捲繞4次)
鎖鏈繡
飛鳥繡
封閉型釦眼繡
釦眼繡
直針繡
法國結粒繡
(捲繞4次)
纜繩鎖鏈繡
對稱編織捲線繡

尺寸：直徑11cm

實際尺寸
圖案

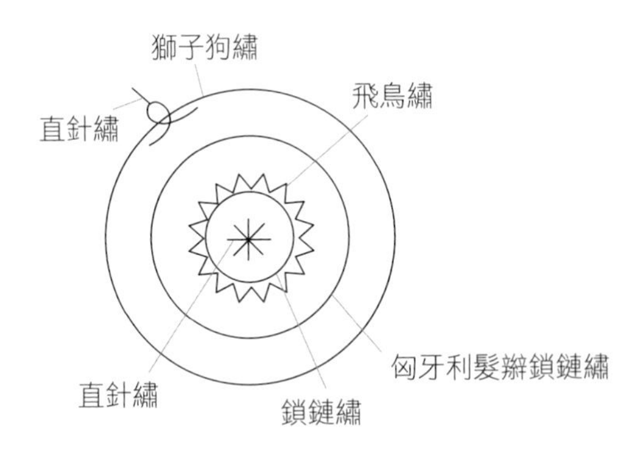
獅子狗繡
直針繡
飛鳥繡
匈牙利髮辮鎖鏈繡
直針繡
鎖鏈繡

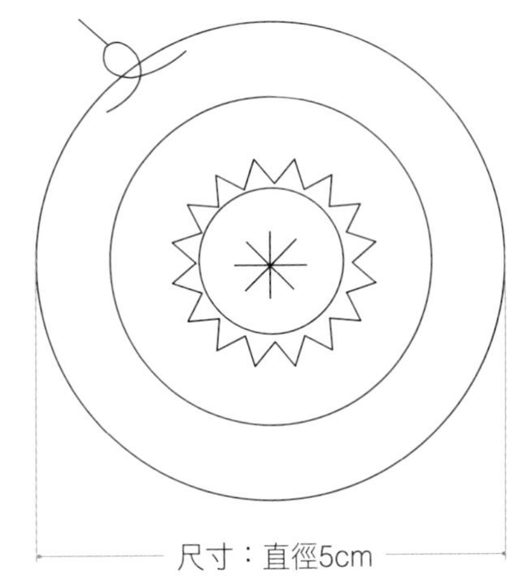
尺寸：直徑5cm

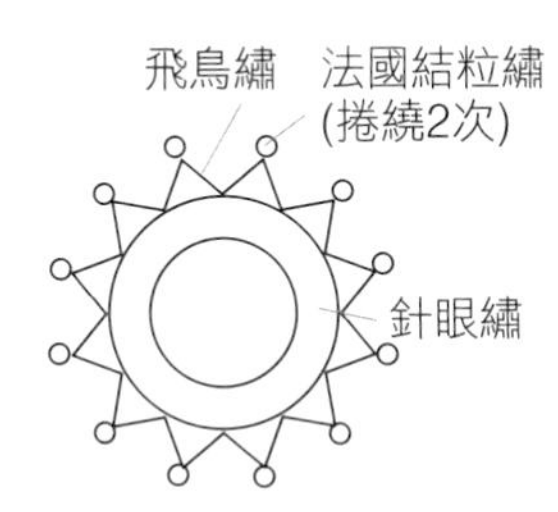
飛鳥繡
法國結粒繡
(捲繞2次)
針眼繡

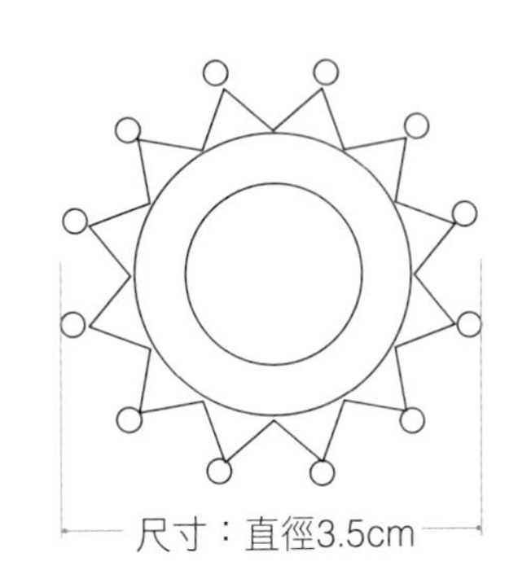
尺寸：直徑3.5cm

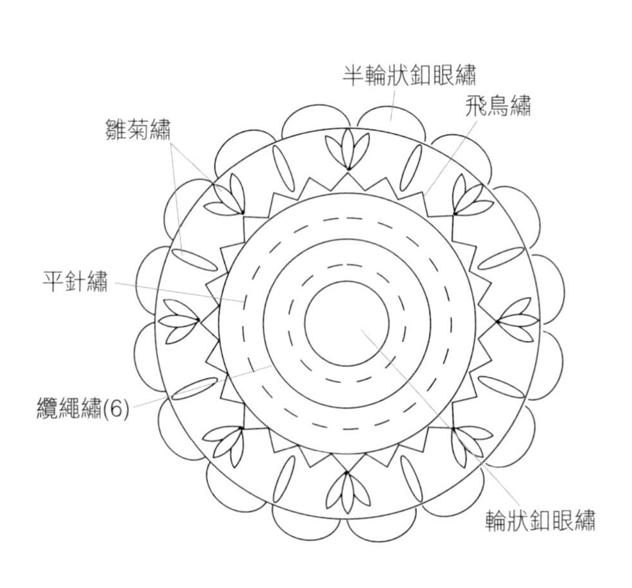
半輪狀釦眼繡
飛鳥繡
雛菊繡
平針繡
纜繩繡(6)
輪狀釦眼繡

尺寸：直徑7cm

2017 K.Blue

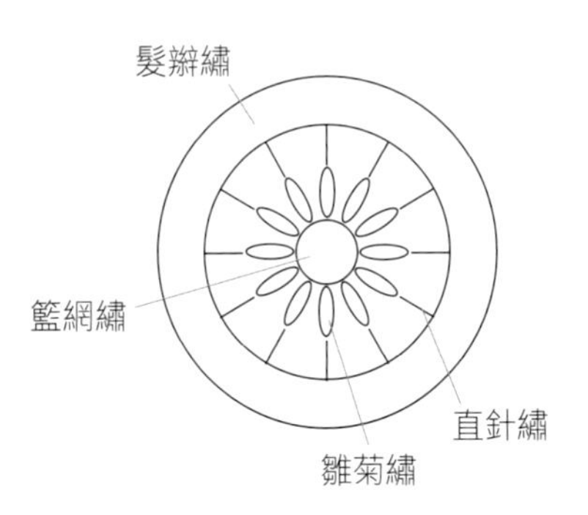

尺寸：直徑4.2cm

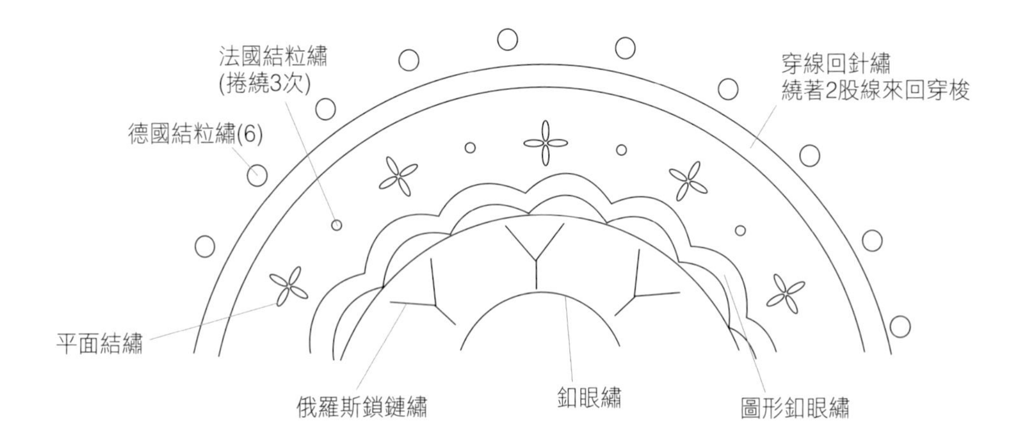

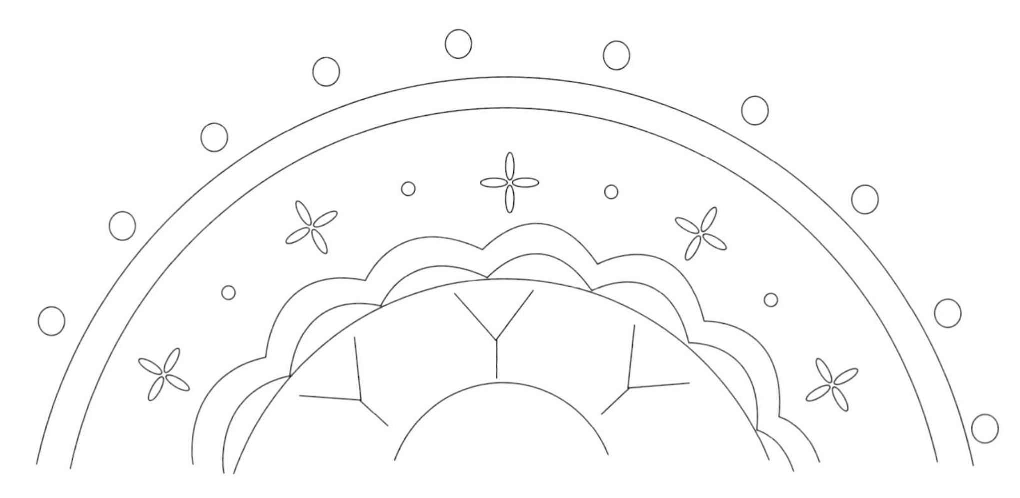

尺寸：直徑12.8cm

K.Blue's Embroidery 15

| 衛生紙盒套 |

小熊森林

使用的繡線　DMC 25 號繡線：310、336、368、437、470、522、523、642、712、745、746、754、761、841、921、932、987、3041、3345、3363、3371、3776、3790、3820、3823

使用的針法　回針繡、輪廓繡、飛鳥繡、直針繡、緞面繡、自由繡、雛菊繡、法國結粒繡、輪狀釦眼繡、蛛網玫瑰繡、捲線繡、捲線結粒繡、葉形繡、平面繡

實際尺寸
圖案

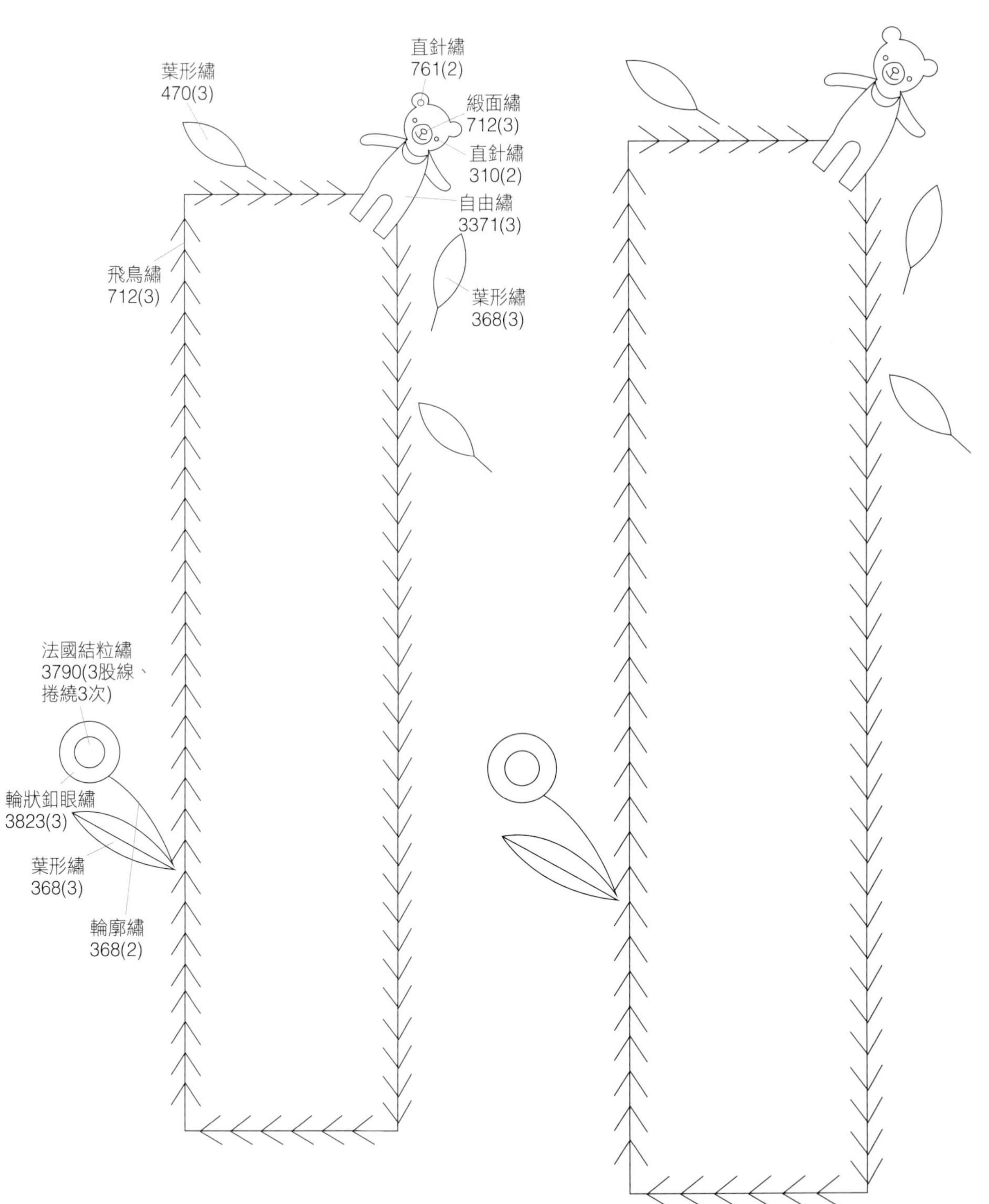
直針繡
761(2)
葉形繡
470(3)
緞面繡
712(3)
直針繡
310(2)
自由繡
3371(3)
飛鳥繡
712(3)
葉形繡
368(3)
法國結粒繡
3790(3股線、
捲繞3次)
輪狀釦眼繡
3823(3)
葉形繡
368(3)
輪廓繡
368(2)

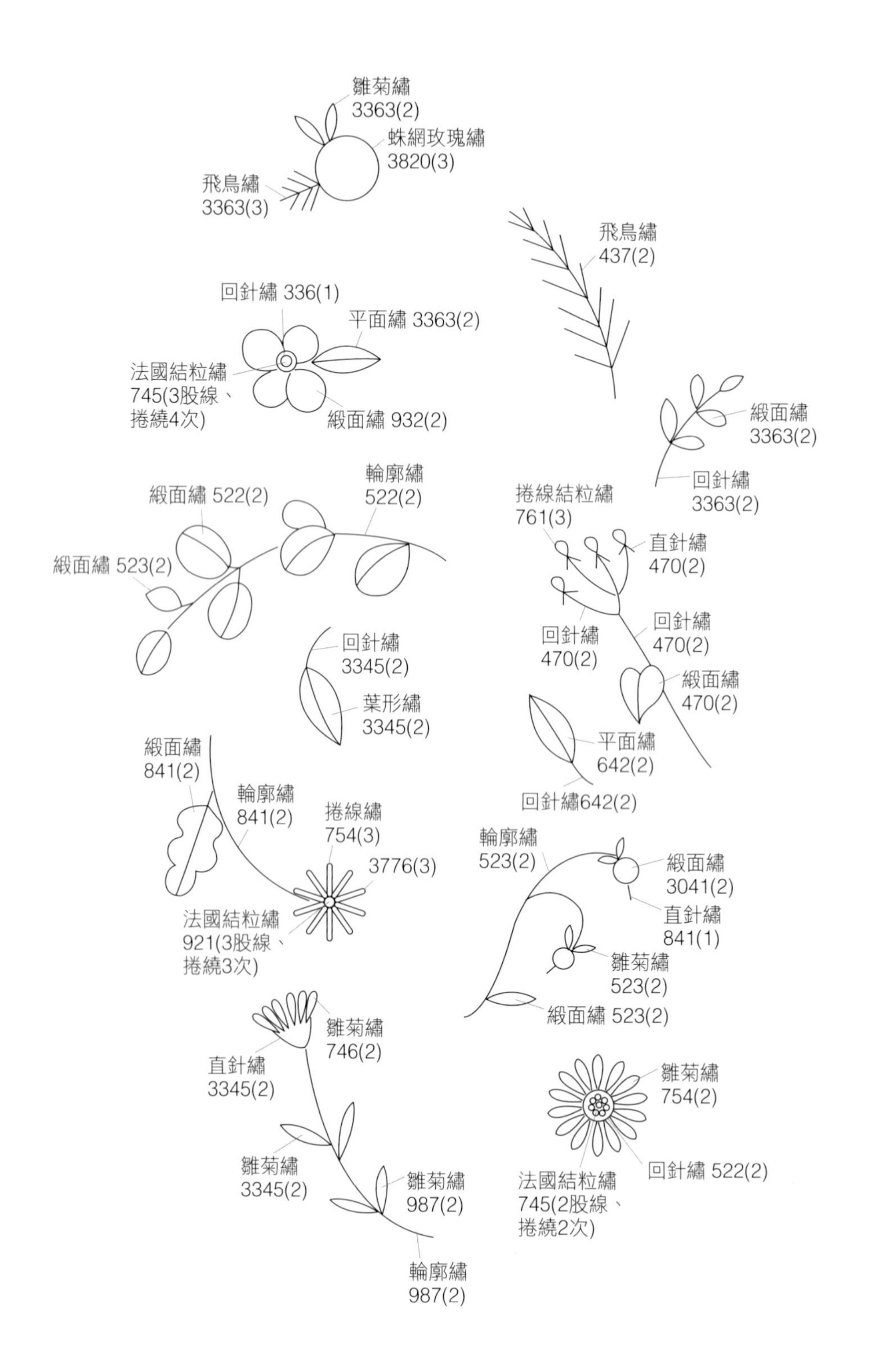
雛菊繡
3363(2)
蛛網玫瑰繡
3820(3)
飛鳥繡
3363(3)
飛鳥繡
437(2)
回針繡 336(1)
平面繡 3363(2)
法國結粒繡
745(3股線、
捲繞4次)
緞面繡 932(2)
緞面繡
3363(2)
回針繡
3363(2)
輪廓繡
522(2)
緞面繡 522(2)
緞面繡 523(2)
捲線結粒繡
761(3)
直針繡
470(2)
回針繡
470(2)
回針繡
470(2)
緞面繡
470(2)
回針繡
3345(2)
葉形繡
3345(2)
平面繡
642(2)
回針繡642(2)
緞面繡
841(2)
輪廓繡
841(2)
捲線繡
754(3)
3776(3)
法國結粒繡
921(3股線、
捲繞3次)
輪廓繡
523(2)
緞面繡
3041(2)
直針繡
841(1)
雛菊繡
523(2)
緞面繡 523(2)
雛菊繡
746(2)
直針繡
3345(2)
雛菊繡
754(2)
回針繡 522(2)
法國結粒繡
745(2股線、
捲繞2次)
雛菊繡
3345(2)
雛菊繡
987(2)
輪廓繡
987(2)

實際尺寸
圖案

準備 象牙色亞麻布
52×40cm 1片（包含縫份）
28×3.2cm 2片
43×6cm 1片

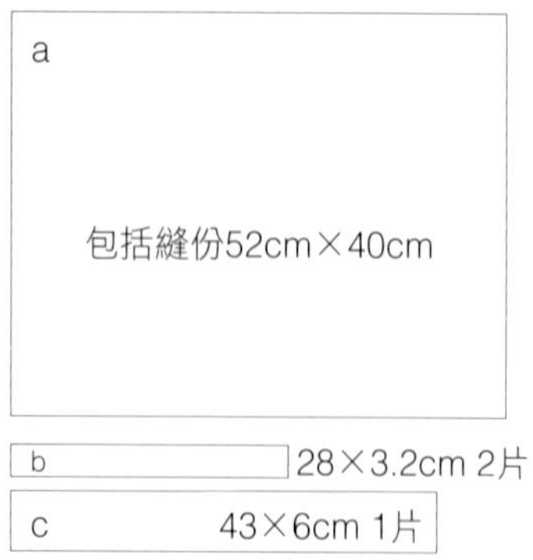

❶ 布料 a 的兩邊按照預留的縫份位置，用縫紉機車縫。

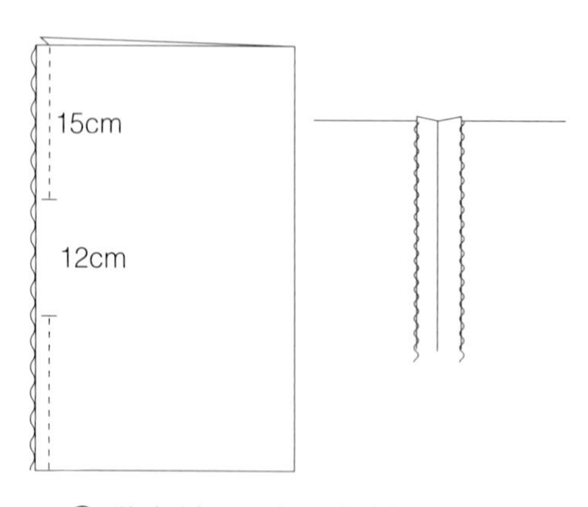

❷ 將布料正面朝內對折之後，把除了中間位置以外的虛線部分，也就是縫份 1cm 的地方對縫起來。

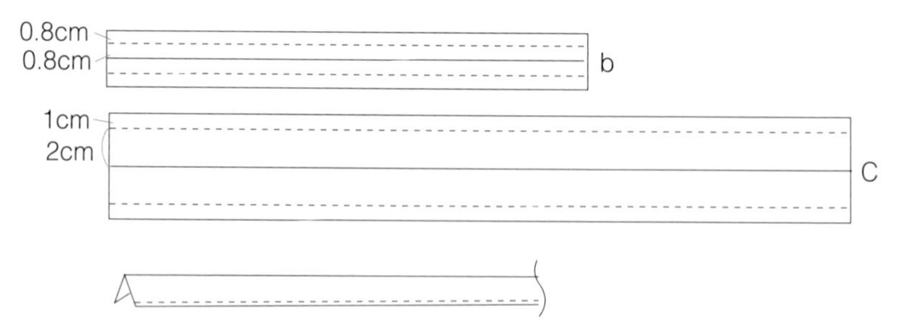

❸ 把布料 b 和 c 對折、用熨斗燙平，再按照圖示的折痕車縫。

❹ 把布料 a 上層部分先折 1cm、再折 2cm，如圖示折起來後縫合，在縫合的同時要插入布料 b 和布料 c 一起縫。

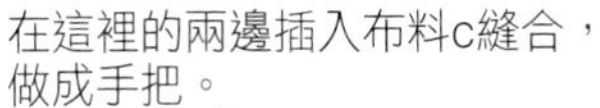

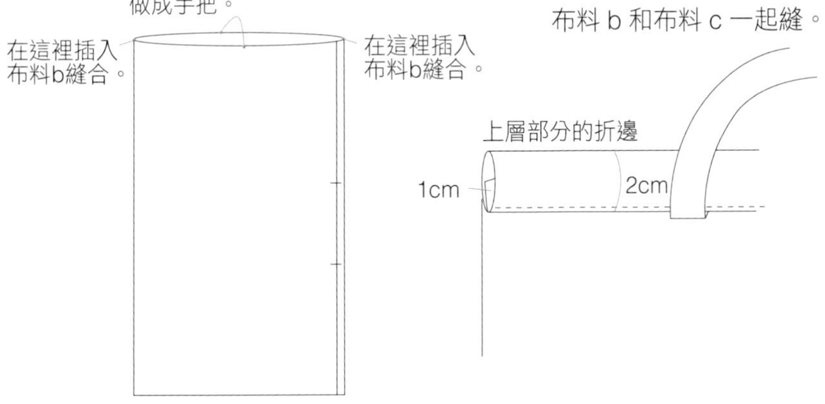

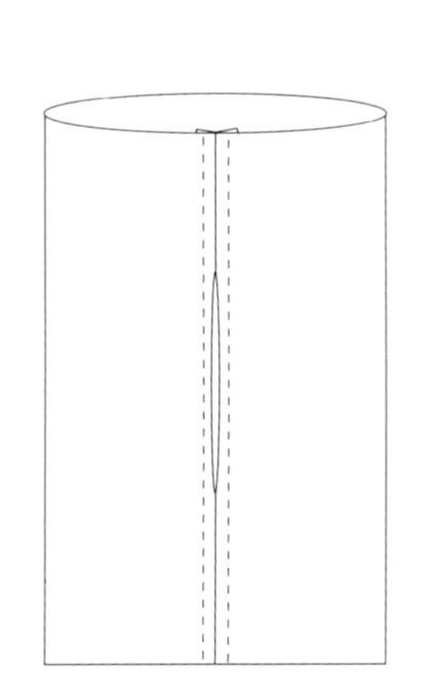

❺ 把布料整個翻面之後，從衛生紙盒套的正面往下壓（可以稍微用熨斗燙平中間的縫份）。

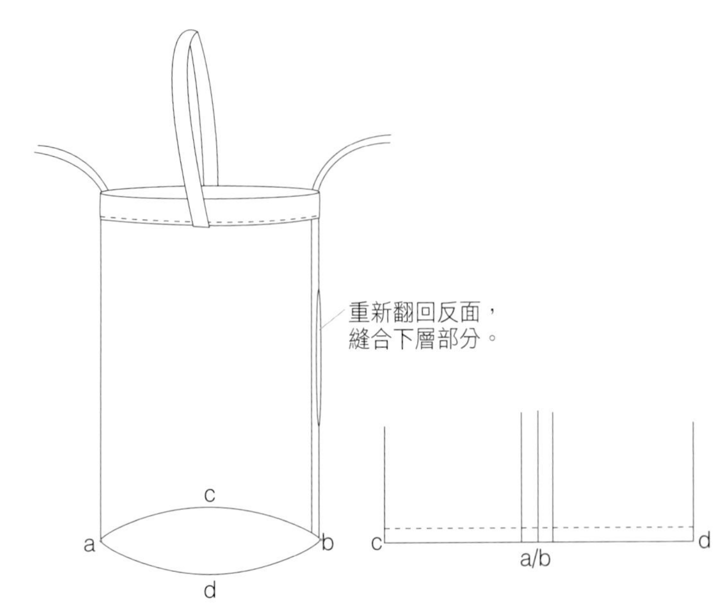

❻ 將布料翻回反面之後，把 a 和 b 兩點對齊，從 c 到 d 將下層縫合。

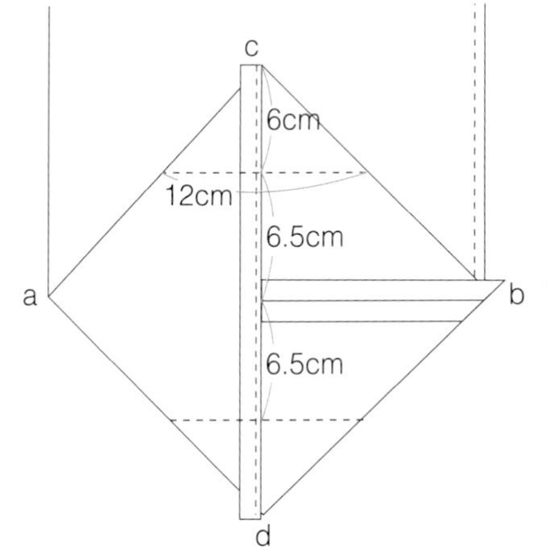

❼ 把底部攤平，將尖端 c、d 往內 6cm 的地方縫合之後，裁剪掉多餘的部分（兩個三角形），最後用縫紉機車縫收尾。

❽ 翻到正面即完成。

PLANT Story

K.Blue's Embroidery 16

| 掛畫 |

植物故事

使用的繡線 DMC 25 號繡線：white、160、319、320、340、367、420、433、469、470、524、632、728、742、743、744、806、813、898、920、922、986、3012、3031、3051、3053、3346、3347、3362、3364、3772、3821、3822、3853

使用的針法 回針繡、輪廓繡、飛鳥繡、直針繡、平面結繡、緞面繡、長短繡、雛菊繡、雙重雛菊繡、法國結粒繡、雌蕊繡、德國結粒繡、鎖鏈繡、捲線繡、葉形繡、平面繡、單邊編織捲線繡、單邊編織指環繡

將縮小的圖案放大到原始尺寸並複製的方法

換算公式：原始尺寸（%）÷縮小尺寸（%）×100
例如〉若要將縮小80%的圖案放大至原尺寸100%
→ 100（%）÷80（%）×100=125%
只要把圖片放大125%複製即可

K.Blue's Embroidery 17

| 掛畫 |

立體花朵

使用的繡線 DMC 25 號繡線：white、225、320、367、368、371、372、469、553、676、729、742、743、745、758、807、819、827、922、938、966、976、986、988、3041、3042、3348、3362、3363、3364、3712、3821、3837、3854、3862、3864
Appletons 羊毛繡線：752、991

使用的針法 輪廓繡、平面結繡、緞面繡、褶皺緞面繡、雛菊繡、指環繡、法國結粒繡、羽毛繡、釦眼繡、蛛網玫瑰繡、捲線繡、捲線結粒繡、捲線玫瑰繡、纏繞花形繡、立體莖幹蛛網繡、莖幹玫瑰繡、葉形繡、平面繡、珊瑚繡、漩渦繡、開放釦眼填充繡、單邊編織捲線繡、對稱編織捲線繡、立體葉形繡、斯麥那繡、鐵絲固定繡、花形繡

將縮小的圖案放大到原始尺寸並複製的方法

換算公式：原始尺寸（%）÷縮小尺寸（%）×100
例如〉若要將縮小80%的圖案放大至原尺寸100%
→ 100（%）÷80（%）×100=125%
只要把圖片放大125%複製即可

MERRY
CHRISTMAS
MERRY
CHRISTMAS

K.Blue's Embroidery 18

| 卡片 |

聖誕節日

使用的繡線 DMC 25 號繡線：white、300、301、349、350、434、435、436、437、739、743、778、801、817、828、841、921、989、3031、3051、3345、3346、3364、3752、3820、3823、3830
DMC 25 號漸層繡線：4042
DMC Light Effects 金蔥繡線：E3821
羊毛繡線：355

使用的針法 回針繡、輪廓繡、釘線繡、飛鳥繡、直針繡、十字繡、雙層十字繡、緞面繡、自由繡、雛菊繡、法國結粒繡、鎖鏈繡、繞線鎖鏈繡、捲線繡、平面繡、斯麥那繡

實際尺寸
圖案

直針繡
743(2)
自由繡
white(3)
自由繡
3364(3)
自由繡
3051(3)
自由繡
434(2)
直針繡
801(2)
緞面繡
801(2)
鎖鏈繡
989(2)
緞面繡
437(2)
釘線繡
801(2)
釘線繡
349(2)
整體：
自由繡828(2)
身體輪廓：
輪廓繡828(2)
緞面繡
3823(2)
緞面繡
778(2)
鎖鏈繡
white(2)
MERRY
CHRISTMAS
回針繡434(2)
MERRY
CHRISTMAS

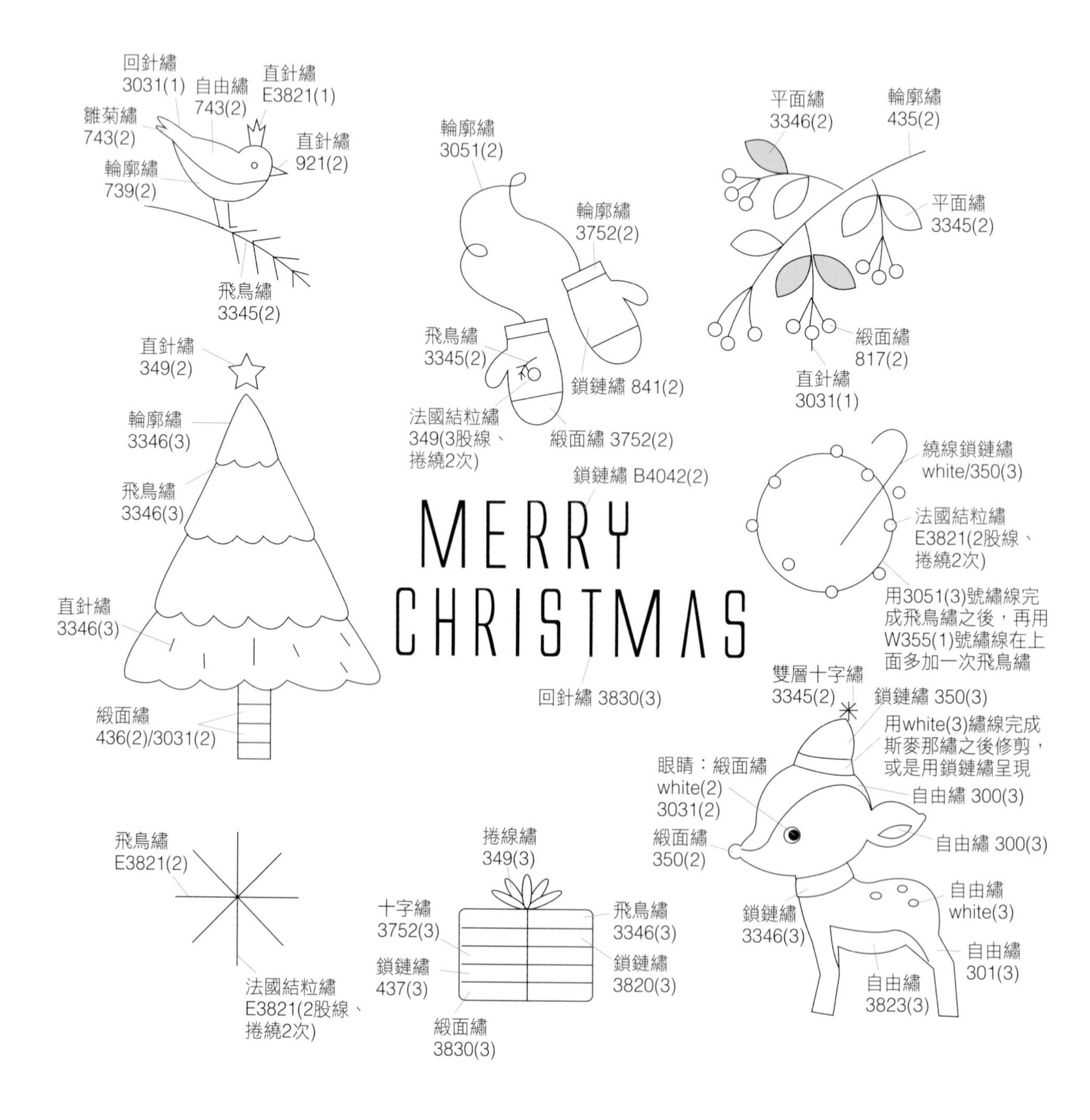
回針繡
3031(1)
自由繡
743(2)
直針繡
E3821(1)
雛菊繡
743(2)
直針繡
921(2)
輪廓繡
739(2)
飛鳥繡
3345(2)
輪廓繡
3051(2)
輪廓繡
3752(2)
飛鳥繡
3345(2)
法國結粒繡
349(3股線、
捲繞2次)
鎖鏈繡 841(2)
緞面繡 3752(2)
平面繡
3346(2)
輪廓繡
435(2)
平面繡
3345(2)
緞面繡
817(2)
直針繡
3031(1)
直針繡
349(2)
輪廓繡
3346(3)
飛鳥繡
3346(3)
直針繡
3346(3)
緞面繡
436(2)/3031(2)
鎖鏈繡 B4042(2)
MERRY
CHRISTMAS
回針繡 3830(3)
繞線鎖鏈繡
white/350(3)
法國結粒繡
E3821(2股線、
捲繞2次)
用3051(3)號繡線完成飛鳥繡之後，再用W355(1)號繡線在上面多加一次飛鳥繡
雙層十字繡
3345(2)
鎖鏈繡 350(3)
用white(3)繡線完成斯麥那繡之後修剪，或是用鎖鏈繡呈現
眼睛：緞面繡
white(2)
3031(2)
自由繡 300(3)
緞面繡
350(2)
自由繡 300(3)
自由繡
white(3)
鎖鏈繡
3346(3)
自由繡
301(3)
自由繡
3823(3)
飛鳥繡
E3821(2)
法國結粒繡
E3821(2股線、
捲繞2次)
捲線繡
349(3)
十字繡
3752(3)
飛鳥繡
3346(3)
鎖鏈繡
437(3)
鎖鏈繡
3820(3)
緞面繡
3830(3)

實際尺寸
圖案

MERRY
CHRISTMAS

INDEX 針法名稱索引

＊依首字注音符號查詢

台灣廣廈 國際出版集團
Taiwan Mansion International Group

國家圖書館出版品預行編目（CIP）資料

法式刺繡針法全圖解：106種基礎針法×40款獨創繡圖，初學者也能繡出風格清新的花草、動物、人形、文字 / 金少瑛著.
-- 新北市：蘋果屋出版社有限公司, 2024.04
面； 公分
ISBN 978-626-7424-11-7(平裝)

1.CST: 刺繡 2.CST: 手工藝

426.2 113001766

法式刺繡針法全圖解

106種基礎針法×40款獨創繡圖，初學者也能繡出風格清新的花草、動物、人形、文字

作　　者／金少瑛
譯　　者／彭翊鈞
編輯中心執行副總編／蔡沐晨
編輯／許秀妃
封面設計／林珈伃・內頁排版／菩薩蠻數位文化有限公司
製版・印刷・裝訂／東豪・弼聖・秉成

行企研發中心總監／陳冠蒨
媒體公關組／陳柔彣
綜合業務組／何欣穎
線上學習中心總監／陳冠蒨
數位營運組／顏佑婷
企製開發組／江季珊、張哲剛

發 行 人／江媛珍
法律顧問／第一國際法律事務所 余淑杏律師・北辰著作權事務所 蕭雄淋律師
出　　版／蘋果屋
發　　行／台灣廣廈有聲圖書有限公司
地址：新北市235中和區中山路二段359巷7號2樓
電話：（886）2-2225-5777・傳真：（886）2-2225-8052

代理印務・全球總經銷／知遠文化事業有限公司
地址：新北市222深坑區北深路三段155巷25號5樓
電話：（886）2-2664-8800・傳真：（886）2-2664-8801
郵政劃撥／劃撥帳號：18836722
劃撥戶名：知遠文化事業有限公司（※單次購書金額未達1000元，請另付70元郵資。）

■出版日期：2024年04月
ISBN：978-626-7424-11-7